ESPRIT入门基础教程

主编　宋茂荣
编者　沐俊涛　涂莉娟　陈锦麟

U0382021

西北工业大学出版社

西　安

【内容简介】 本书从 ESPRIT 软件的基本应用及行业知识入手,以 ESPRIT 软件应用为主线,以实例为导向,通过由浅入深、举一反三的方式,讲解造型设计技巧和刀具路径的操作步骤以及分析方法,帮助读者快速掌握 ESPRIT 的造型设计和编程加工的思路和方法。

本书基于 ESPRIT 的加工编程实例,注重实例和思维的有机统一,既有战术上具体步骤演练操作,也有战略上的思维技巧分析,内容包括 ESPRIT 基本功能、3 轴铣削加工、4 轴铣削加工、2 轴车削加工、多轴车削加工、5 轴铣削加工、车铣复合加工和 ESPRIT 应用实例。

本书的读者对象是中高等职业技术类院校数控专业的师生,同时也可供相关从业人员阅读参考。

图书在版编目(CIP)数据

ESPRIT 入门基础教程/宋茂荣主编 . —西安:西北工业大学出版社,2021.8(2022.7重印)
ISBN 978 - 7 - 5612 - 7839 - 0

Ⅰ.①E… Ⅱ.①宋… Ⅲ.①机械设计-计算机辅助设计-应用软件-教材 Ⅳ.①TH122

中国版本图书馆 CIP 数据核字(2021)第 151968 号

ESPRIT RUMEN JICHU JIAOCHENG
ESPRIT 入 门 基 础 教 程

责任编辑:曹 江		策划编辑:刘巾歆	
责任校对:胡莉巾		装帧设计:李 飞	

出版发行:西北工业大学出版社
通信地址:西安市友谊西路 127 号   邮编:710072
电　　话:(029)88491757,88493844
网　　址:www.nwpup.com
印 刷 者:西安真色彩设计印务有限公司
开　　本:787 mm×1 092 mm   1/16
印　　张:13.5
字　　数:337 千字
版　　次:2021 年 8 月第 1 版   2022 年 7 月第 2 次印刷
定　　价:68.00 元

前　言

　　众所周知,计算机绘图领域经历了大型机、小型机、工作站和微机时代,每个时代都出现了流行的 CAD/CAM 软件。我国的 CAD/CAM 技术是从 20 世纪 70 年代中后期开始发展起来的,在使用广度和深度上尽管取得了一定进步,但与发达国家相比还存在不小的差距。目前我国已经能够自行生产制造 5 轴 5 联动加工中心,另外还有多通道、多主轴、多刀塔、多任务的车铣复合加工中心。高速高效车铣复合走心机等设备已经出现在部分高校和沿海一带的民营企业。然而,多轴加工的编程技术目前还不成熟,能够熟练掌握多轴编程技术的人才太少,这是当前我国企业和学校实际存在的短板,因此导致先进的设备使用率不高,使用效果也不好。因此,开发新型实用的编程软件就显得尤为重要。

　　为了加快高端制造业技术创新改革,为企业的升级换代培养及储备高技能型人才,提升职业院校骨干教师多轴及车铣复合领域专业技术水平和教学能力,满足越来越多的人学习数控编程软件的迫切需求,笔者在分析比较了众多数控编程软件后,决定引进 ESPRIT 软件。它是美国 DP Technology 公司(在我国注册名称为迪培公司)推出的一款针对高端数控机床应用的 CAM 软件,具有无限制机床编程、加工任何几何形状、通用后置处理器、动态仿真及检测等功能,最早于 1985 年开始投放市场,至今已有多年的历史。它在走心机、车铣复合等多主轴、多刀塔、多任务加工设备的工艺、编程、仿真方面具有独特功能。强大的后置处理能力是 ESPRIT 软件的最大特点,通过 ESPRIT 软件制作生成的程序,可以在使用较少坐标系的前提下,对加工顺序(工艺)、通道切换、坐标系发生旋转、偏移以后的数据进行有效处理。

　　基于此,笔者在充分调研的基础上,组织数控加工领域有丰富教学和生产经验的教师一起编写了本书,力求做到以能力为本位,重视动手能力的培养,突出职业技能教育特色,本着理论知识"实用、够用、易学"的原则,结合丰富的案例,对提升学生实际操作能力具有积极的意义。

　　本书的最大亮点是强化了行业专业技能的训练,每节都有项目制作和课外练习,学生在校期间就可体验企业的操作运转模式。

　　本书由宋茂荣组织编写,参加编写人员有沐俊涛、涂莉娟、陈锦麟,在编写过程中,得到了迪培公司的大力支持,特别感谢张兵权、刘瑜等工程师的大力支持。

　　由于水平有限,书中疏漏之处在所难免,敬请广大读者批评指正。

编　者

2021 年 4 月

目　　录

第 1 章　ESPRIT 基本功能

 学习目标

- 设置 ESPRIT 工作环境
- 掌握在 ESPRIT 中打开或保存 ESPRIT 文件或其他 CAD 文件的方法
- 了解特征的概念以及特征对自动创建刀具路径的重要性
- 利用软件进行编程
- 掌握基本的几何元素创建方法

 工作任务

本章将介绍如何生成 ESPRIT 文件以及如何打开其他类型的 CAD 文件,读者通过创建基本的几何元素,熟悉 ESPRIT 的工作环境,体会到通过特征来创建加工操作的好处。

1.1　ESPRIT 图形用户界面

首先,熟悉 ESPRIT 窗口,当创建一个新文件或打开一个已有文件时,ESPRIT 窗口会显示出来。

ESPRIT 窗口包括以下功能:

1)窗口上方的菜单栏及缺省工具条,可以通过菜单栏或工具条选择相关的指令。

2)图形工作区域。该工作区域在 ESPRIT 窗口中所占比例最大。

3)提示栏位于 ESPRIT 窗口的左下角,将显示下一步操作的提示信息,应始终留意提示栏的提示信息。

4)状态栏位于 ESPRIT 窗口的下方,提供关于当前工作环境的动态信息,当选择指令或移动鼠标时,该信息会动态更新。ESPRIT 同时提供两个特别的窗口来显示当前工作工件的其他属性信息,以有效管理编程操作。

5)项目管理器由一系列标签栏构成,分别列出了所有的特征、工具以及操作。项目管理器能够让用户管理、分类和重新排列这些项目。可以按"F2"快捷键或在视图菜单中选择项目管理指令来打开项目管理器窗口。

6)属性窗口可以显示在工作区域或项目管理器中所选择的任何项目属性。所显示的属性类型由所选择的项目类型决定。用户能够查看或改变所选项目的单个属性。用户可以同时按住 Alt＋Enter 键或在视图菜单中选择属性窗口。

图 1－1 所示为用户界面。

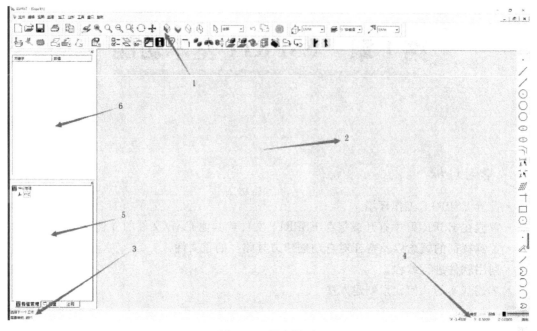

图 1-1　用户界面

1.1.1　菜单

将所有指令放置在 8 个菜单栏中。菜单栏中的大部分指令在工具条中同样可用。

1)文件菜单:打开一个已存在文件或创建新文件,保存已更改的文件。

2)编辑菜单:复制或删除项目,移动坐标原点或改变导入模型的方位。

3)视图菜单:设置工作环境的显示方式。

4)创建菜单:绘制新的几何、尺寸特征。

5)加工菜单:设置机床信息、创建加工刀具、创建加工操作及仿真。

6)工具菜单:设置系统单位、创建宏指令、载入 add-in 及个性化 ESPRIT。

7)窗口菜单:创建新窗口及排列多重窗口。

8)ESPRIT 帮助:访问在线帮助文件或查看当前 ESPRIT 版本信息。

1.1.2　缺省工具条

缺省工具条位于 ESPRIT 窗口上方,如图 1－2 所示。

1)标准工具条设有文件管理指令,例如文件打开、保存及打印,同时,可以使用复制指令来复制工作区域内的项目。

2)视图工具条设有工作区域显示指令,例如窗口缩放、旋转,同时还可让用户选择当前工件的显示类型,例如实体阴影显示或线框显示等。

3)编辑工具条提供一些选择指令,过滤需要被选择的元素,或利用所选的单一元素自动群选其他相关元素。

4)图层和工作平面工具条可以让用户创建或选择工作平面、图层或工作平面视角。

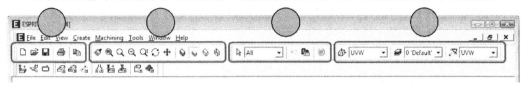

图 1-2　缺省工具条

1—标准工具条;2—视图工具条;3—编辑工具条;4—图层和工作平面工具条

1.1.3　Smart Toolbar

通过使用 Smart Toolbar,用户能够快速显示和隐藏所需要的加工类型。Smart Toolbar 中的前三个图标分别对应 ESPRIT 的三种加工模式:铣削加工、车削加工以及线切割加工。Smart Toolbar 的加工指令栏如图 1-3 所示。

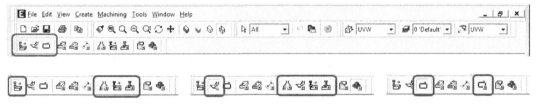

图 1-3　Smart Toolbar 的加工指令栏

如果用户选择"铣削加工",工具条会更新显示相关指令,让用户创建铣削刀具及操作。如果用户选择"车削加工",铣削加工指令将隐藏并且会显示新的指令,以创建车削或车铣加工的刀具或操作。如果用户想创建几何元素,只需要选择"几何"图标来激活几何工具条。工具条指令栏如图 1-4 所示。

图 1-4　工具条指令栏

用户选择"铣削刀具"时,将隐藏几何工具条,并显示铣削刀具指令。所有在 Smart Toolbar 中激活的的工具条下次将始终显示在同样的位置,不需要重新寻找指令。

1.2　使用 ESPRIT

第一次打开 ESPRIT 或创建一个新文件时,ESPRIT 将提示用户是以一个空白文件开始还是以一个模板文件开始。"空白文件"选项将打开一个 ESPRIT 缺省的空白文件。模板文件包含用户自定义的元素及设置信息。模板包括常用的刀具、机床设置以及仿真设置等。

模板对话框的显示可由工具菜单的"选项"对话框中的"Input"页面中的"显示模板对话框"选项来进行控制。缺省情况下显示模板对话框。新用户在选择"空白文件"后单击"确定"按钮,单击"取消"按钮具有同样的效果。更多关于如何创建及使用模板文件,请参考 ESPRIT 在线帮助。"新建文件"指令栏如图 1-5 所示。

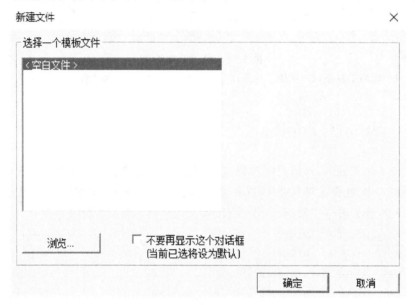

图 1-5 "新建文件"指令栏

1.2.1 文件管理

用户一次只能打开一个 ESPRIT 文件且只能有一个 ESPRIT 程序在运行。

1.创建一个新文件

单击"新文件"来关闭当前文件并创建新文件。如果当前文件已经做了修改,ESPRIT 将提示用户在关闭文件之前是否保存相关修改。

2.打开一个已存在文件

单击"打开"按钮来打开已有的 ESPRIT 文件(后缀名为.esp)以及其他 2D 或 3D 的 CAD 文件,例如 Solid Works,Pro/E,STereoLithography(STL),IGES 以及 STEP 等。

ESPRIT 是基于 Parasolid 的内核,因此可以方便地打开各种实体文件。

"打开文件"对话框如图 1-6 所示。

单击"打开"后,用户能够使用"文件类型"下拉列表来选择打开指定文件名后缀的实体文件。该下拉列表便于用户浏览所需的文件。如果所需的文件后缀不在下拉列表中,可选择"所有类型文件"。可用文件类型列表是基于软件授权选项的。例如,如果软件授权不允许用户打开 CATIA 文件,该选项将不会在"文件类型"下拉列表中显示。

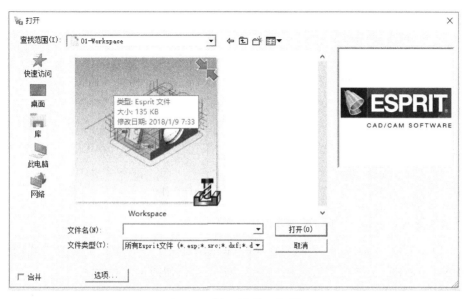

图 1 - 6　"打开文件"对话框

3. 从另一个系统中打开一个 CAD 文件

当打开一个 CAD 文件时，用户可以通过单击"打开"对话框中的"选项"按钮来设置导入选项。ESPRIT 为各种 CAD 文件提供了导入选项。"设置导入选项"对话框如图 1 - 7 所示。

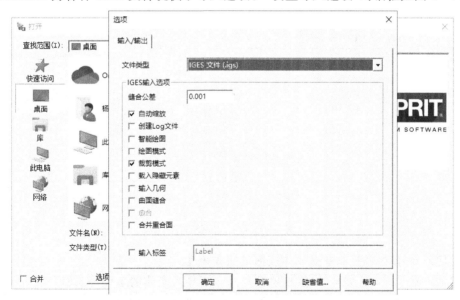

图 1 - 7　"设置导入选项"对话框

4. 各种文件类型

（1）Auto CAD 文件（*. dxf,*. dwg）

ESPRIT 支持最新版本的 Auto CAD 格式文件（*. dxf,*. dwg）的导入的导出。导入选项能自动缩放草图及设置单位。导入 Auto CAD 文件如图 1 - 8 所示。

图 1-8　导入 Auto CAD 文件

(2)IGES 文件(*.igs)

"Initial Graphics Exchange Specification"(IGES)定义了一种中性的数据格式,允许数据信息在各种 CAD 软件系统中进行交换。导入 IGES 文件如图 1-10 所示。

图 1-9　导入 IGES 文件

1)剪切公差:该公差控制导入实体表面的曲线精度。

2)自动缩放:在缺省情况下,该选项被勾选。当导入实体的单位与 ESPRIT 单位不一致时,导入实体模型将被自动缩放至当前系统单位。如果不勾选该选项,实体模型按原单位导入。

3)日志文件模式:如果勾选该选项,在导入过程中会生成一个日志文件。

4)智能绘图:如果勾选该选项,绘制元素存在于文件中,并随文件一起导入。

5)绘图模式:如果勾选该选项,只有绘制元素被导入。

6)修剪模式:在缺省情况下,勾选该选项可避免导入修剪实体。如果不勾选该选项,ES-

PRIT 将采用 IGES 文件中的修剪模式。

7)空白状态:在缺省情况下,勾选该选项可避免导入空白(不可见)实体。如果不勾选该选项,空白实体将同可见实体一同被导入。

8)导入标签:如果勾选该选项,任何与实体有关的信息均被导入。

(3)ACIS 文件(*.sat)

ACIS 是一种常用的 3D 模型引擎,其集成了线框、表面和实体造型功能。导入 ACIS 文件如图 1-10 所示。

图 1-10 导入 ACIS 文件

其导入选项对大部分在 ESPRIT 中导入、导出的文件格式均通用。文件能以带或不带线框几何的一个实体或表面类型导入。

1)剪切公差:为剪切实体输入公差值。

2)以实体导入:如果勾选该选项,任何包含在实体文件中的实体数据均被导入,但"表面"选项自动不被勾选。

3)线框:如果勾选该选项,任何包含在实体文件中的线框信息均被导入。

4)表面:如果勾选该选项,任何包含在实体文件中的表面信息均被导入。在勾选情况下"以实体导入"选项自动不勾选。

5)导入标签:如果勾选该选项,任何与实体有关的信息均被导入。

(4)Parasolid 文件(*.x_t,*.x_b)

Parasolid 是一种在很多 CAD 和 CAM 系统中采用的实体模型内核,导入 Parasolid 文件如图 1-11 所示。ESPRIT 支持(*.x_t)和(*.x_b)等 Parasolid 文件格式。下列选项只针对 Parasolid 及 ACIS 文件。

1)空白状态:在缺省情况下,勾选该选项可避免导入空白(不可见)实体。当不勾选该选项时,空白实体与可见实体一起导入。

2)版本:该选项只在 ESPRIT 文件导出为 Parasolid 文件格式时应用。用户能够选择导出哪一个 Parasolid 版本。

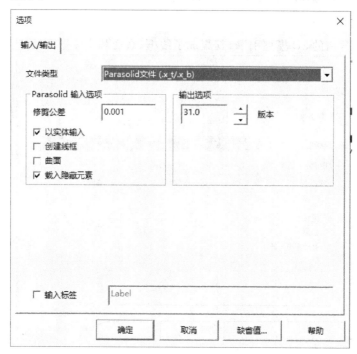

图 1-11　导入 Parasolid 文件

(5)SolidEdge 文件(* . par, * . psm)

SolidEdge 导入、导出选项与 ACIS 文件选项一致。

(6)Solid Works(* . sldprt, * . sldasm)

ESPRIT 支持 Solid Works 文件导入,但不支持导出。下列选项专门针对 Solid Works 文件及 ACIS 文件。

只提取 Parasolid:在缺省情况下,勾选该选项。当勾选该选项时,ESPRIT 将在 CAD 特征管理器中导入并显示 Solid Works 特征树。用户这时可以查看、选择并编辑特征树中的项目。如果不勾选该选项,用户将不能查看和编辑特征树。

Solid Works 允许用户创建配置来定义一个工件或装配体的多重种类。配置可以手动创建也可以利用设计表单创建。当手动创建配置时,实体模型在运行时生成(用户创建或激活)。当使用设计表单时,Solid Works 允许用户在不创建实体模型的条件下生成多重配置。

ESPRIT 只能载入一个已被激活的配置。如果用户试着打开一个未被激活的配置,ESPRIT 将返回"空文件"错误信息。如果用户想在 ESPRIT 中打开一个未被激活的配置,需要先在 Solid Works 中激活该文件(在 Solid Works 中打开文件,选择并双击配置管理器中的"配置"来保存文件)。导入 Solid Works 文件如图 1-12 所示。

图 1 - 12　导入 Solid Works 文件

(7)STEP 文件(＊.stp,＊.step)

表面缝合选项专门针对 STEP 文件及 ACIS 文件。导入 STEP 文件如图 1 - 13 所示。

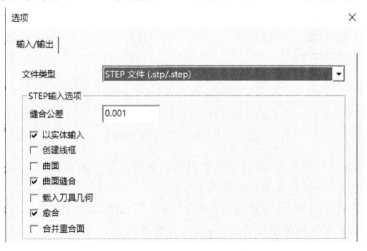

图 1 - 13　导入 STEP 文件

表面缝合:在缺省情况下,勾选该选项,ESPRIT 将根据导入的表面创建实体。

(8)STL 文件(＊.stl)

导入选项可以让用户自动按比例缩放绘图并设置文件单位为英制或公制。

导出选项让用户选择是否以一个实体 STL 模型来导出模型文件。导入 STL 文件如图 1 - 14 所示。

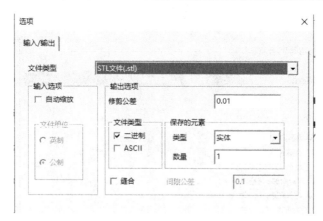

图 1-14 导入 STL 文件

当文件以一个 STL 文件导入时,只有一个实体模型被导入。当文件包含多重实体,而用户需要以一个实体导入时,必须在导入实体前群选所有实体。当勾选"缝合"选项时,ESPRIT 将使用指定间隙容差来导入一组封闭表面实体。

(9)CATIA 文件(. model,. catpart,. exp,. dlv)

下列选项专门针对 CATIA 文件及 ACIS 文件。导入 CATIA 文件如图 1-15 所示。

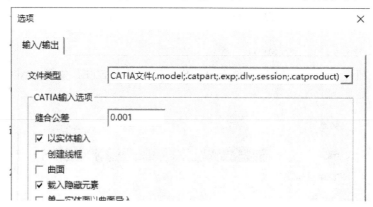

图 1-15 导入 CATIA 文件

1)空白状态:在缺省情况下,勾选该选项可避免导入文件中的空白(不可见)实体。当不勾选时该选项,空白实体及可见实体均被导入。

2)单一面实体以表面载入:勾选该选项时,ESPRIT 分析文件中每一个实体的表面数目。任何具有单一表面的实体均被假定为表面,并以表面导入。

(10)UG 文件(∗. prt)

用户可查看关于 CATIA 的描述。

(11)Pro/E 文件(. Prt. ∗,. prt,asm. ∗,. asm)

用户可查看关于 CATIA 的描述。

(12)Inventor 文件(∗. ipt,∗. iam)

Inventor 的导入/导出选项与 ACIS 文件相同。

5.保存一个文件

在 ESPRIT 中进行操作后,用户需要保存当前的操作以备下次操作。

"保存"指令将保存当前文件为 ESPRIT 默认文件格式或其他类型的 CAD 文件格式。ESPRIT 默认文件后缀为".esp"。如果需要转换为其他文件格式,用户需选择"保存类型"下拉框并选择相应的文件后缀名。

1.2.2　ESPRIT 选项

用户能够使用 ESPRIT"选项"对话框中的设置来自定义 ESPRIT 配置。

单击"工具"菜单中的"选项"打开"选项"对话框,如图 1-16 所示。

图 1-16　打开"选项"对话框

用户定义的配置设置只有在经过以下操作后才有效:

1)保存用户设置便于将来使用,单击"缺省"按钮,选择"将当前设为缺省值"并单击"确定"按钮。

2)重置为 ESPRIT 安装缺省设置,单击"缺省"按钮,选择"全部设定为安装缺省值"并单击"确定"按钮。

用户可以在"选项"对话框中的其他标签页中设置所需的参数。

（1）属性

在 ESPRIT 中设置缺省样式及颜色。首先，在屏幕左面的特征列表中选择元素，接着选择线类型、线宽以及颜色。单击"确定"按钮后，所有新元素将采用新设置，已存在元素保持不变。

用户在列表中选择背景时，可用"渐变"设置，设置工作区域背景为一种颜色从暗到明渐变。

（2）输入

下列设置可让用户在 ESPRIT 中控制输入类型。

1）提示 Z 值：当勾选该选项时，系统将提示为指令输入一个 Z 值。当不勾选该选项时，系统将统一为所有需要 Z 值的指令输入零值。

2）使用网格模式：当创建新文件时，设置系统启动的缺省模式为网格模式。

3）显示模板对话框：当勾选该选项时，在"文件"菜单中选择"新文件"，将列出所有可用模板。如果取消勾选，对话框不显示并自动选择缺省模板。

4）线型 2 边界：当勾选该选项时，系统将在两个所选元素之间绘制线型 2。

5）粗体打印输出：当勾选该选项时，系统将粗体打印所有元素。

6）允许群组副元素：当勾选该选项时，在 HI 模式下可选特征子元素和实体模型表面/线环/边界。该选项同样可以在状态栏的"SUB-ELEMENTS"中打开或关闭。

（3）特征参数

下列设置可控制创建 2D 平面特征或 3D 曲面特征。在创建特征时，用户可以设置用于创建特征元素的最大距离。"特征参数"选项如图 1-17 所示。

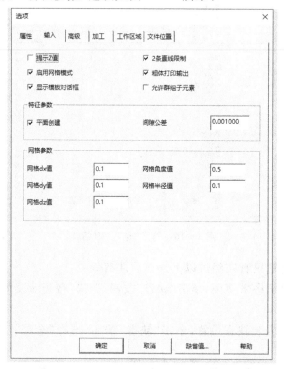

图 1-17 "特征参数"选项

1)平面创建:当勾选该选项时,创建特征时 ESPRIT 会忽略所有与当前工作平面不平行的平面上的元素。如果不勾选该选项,用户也可以根据非平面元素创建特征。

2)间隙容差:通常在几何元素之间会有小的间隙。该设置可让用户定义创建特征的几何元素的最大距离。如果间隙小于该距离,元素将被连接并包括在一个特征之内。任何大于此距离的独立元素将被创建为独立特征。

(4)格点参数

该设置只在 GRID 模式(状态栏)激活状态下有效。当用户用鼠标捕捉网格点时,可以设置每一个网格点的 X,Y 和 Z 距离以及缺省角度和半径值。

(5)高级

设置缺省容差和表面线框显示以及实体的容差设置。"高级"选项如图 1-18 所示。

图 1-18　"高级"选项

(6)表面/实体容差

当创建表面或实体时,用户可以利用滑动条来设置容差值从大到小,也可以手动输入容差值。

(7)曲面线框格点

当表面以线框显示时,用户可以设置用于显示表面的网格线数目。第一方向和第二方向的设置决定有多少线框网格线用于显示表面。缺省值均为 3,但用户可以任意改变缺省值。显示设置对实际实体没有影响,只影响显示的网格线。显示的网格线越多,计算机刷新屏幕的时间越长。当为第一方向输入一个数值时,第二方向以相同数值自动更新,可以选择并改变此方向数值。

(8)近似精度

下列设置只应用于从实体模型创建特征,特征以所选实体的近似值来被创建。

1)容差:当从实体模型创建特征时,型腔、面轮廓和孔特征使用近似容差。例如,如果一个实体含有一个直径为 4.126 的孔,且设置容差值为 0.01,ESPRIT 将创建一个直径为 4.13 的孔特征。

2)切向偏差:输入一个角度值,该值表示用于近似圆弧或曲线的线段之间的最大背离值。可允许的背离值越小,近似的精度就越高,所生成的线段数目就越多;可允许的背离值越大,线段越少。

3)垂直壁边(度数):该设置用于 SolidMill FreeForm 操作中,在创建特征之前,ESPRIT 分析一个实体模型,输入垂直墙面的角度偏离值,ESPRIT 利用该角度值识别近似垂直墙面作为理想垂直墙面。

4)仅用线段:如果勾选该选项,实体仅以线段近似。

5)最小半径 / 最大半径:如果勾选该选项,可以输入用于近似的最小和最大半径值。

6)最小弧长:如果勾选该选项,可以输入用于近似实体的最小圆弧长度。

7)最小线段长:如果勾选该选项,可以输入用于近似的每一条线段的最小长度。

(9)加工

添加自定义页和设置仿真毛坯自动更新。"加工"选项如图 1-19 所示。

图 1-19 "加工"选项

（10）参数页缺省值

自定义页：如果勾选该选项，一个自定义标签页将添加到标准的技术页面中。否则，自定义标签页不显示。

（11）毛坯

1）启用毛坯自动更新功能：勾选此选项以便在仿真过程中开启毛坯自动更新功能。当某一个加工操作被选中后进行仿真时，适合该操作的当前毛坯状态自动被更新显示。如果不勾选此选项，则以最初始的毛坯设定来仿真任意加工操作。

2）毛坯自动更新公差：为毛坯自动更新设置一个公差数值。仿真毛坯以该数值进行更新计算。公差值越小，计算机运算时间就会越长。

3）毛坯材料透明度：设置材料的透明度，当设置为最左时，材料不透明。当设置为最右时，材料不可见。

（12）工件材料

工件材料参数控制工作区域的显示。

（13）阴影分辨率

通过滑动条或输入百分比值来设置阴影实体或表面的显示分辨率。对象越复杂，在更高分辨率下显示将越慢，可以选择粗略（10％的分辨率）、默认（50％的分辨率）或精细（75％的分辨率）。

（14）线框解析度

通过滑动条或设置系统缺省分辨率来设置线框显示的解析度，如图 1 - 20 所示。

图 1 - 20　"线框解析度"选项

（15）鼠标和键盘

下列设置用于当鼠标和键盘同时使用时控制工作区域的平移、缩放和旋转。

1）鼠标中键动作：当使用鼠标中键或在鼠标移动中按住滚轮时，定义相关动作。

2）翻转鼠标滚轮缩放方向：在缺省情况下，向前滚动滚轮将缩小视图，向后滚动滚轮将放大视图。勾选该选项后，动作方向反向，当用户希望缩放动作与其他 CAD 系统一致时，可使用该设置。

3）方向键旋转：用户通过使用方向键并同时按"Ctrl"键来旋转视图（水平轴或垂直轴旋转）或按"Alt"键旋转视图（一般轴旋转）。当按住方向键时，该数值控制每次旋转的角度。

（16）轴线和刷新率

在缺省情况下，不论何时打开一个新文件，控制是否显示 XYZ 或 UVW 轴线。XYZ 或 UVW 轴线的显示同样可在"视图"菜单中控制。刷新率控制多长时间刷新一次，在该项中，ESPRIT 刷新工作区域。

（17）文件路径

该选项为 ESPRIT 设置缺省的文件"打开/保存"路径。为了改变缺省文件路径，可在文件类型列表中选择文件类型并单击修改。浏览需要放置的文件夹并单击"确定"按钮，如图 1-21 所示。

图 1-21 "文件路径"选项

在安装 ESPRIT 后,缺省文件路径已被设置到用户的计算机中。当文件被存储在网络计算机的共享目录或服务器中时,可使用改变缺省文件路径。如果想让 ESPRIT 忽略缺省路径并从上次文件保存位置再次打开文件,可取消勾选"重设新文件的缺省本地"。

1.2.3　工具条

除了 Smart Toolbar 外,可以显示其他工具条,如图 1 - 21 所示。

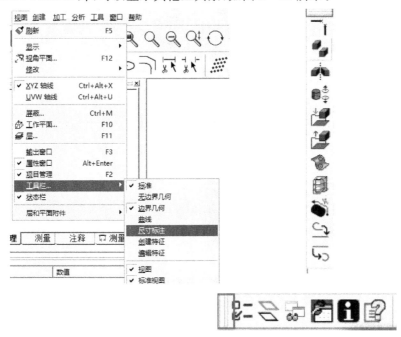

图 1 - 21　除 Smart Toolbar 外的其他工具条

（1）显示其他工具条

1）单击"视图"菜单,选择"工具栏...",并从列表中选择一个工具栏。每一个工具栏名称前均有一个勾选框。

2）右键单击任意可见工具条并选择需要显示的工具栏。

3）为了显示加工操作的工具条,在"加工"菜单中选择加工类型,例如 SolidMill Traditional,接着在次级菜单中再次选择加工类型。

（2）隐藏工具条

1）单击"视图"菜单,选择"工具栏..."并从列表中选择一个已被勾选的工具条。

2）右键单击任意可见工具条并选择需要隐藏的工具条。

3）为了隐藏加工操作的工具条,右键单击工具条并选择"隐藏"。把鼠标放置在工具条上部或右边的双线处,可将工具条拖动至其他位置。当拖动一个工具条至窗口边缘处时,工具条将自动捕捉边线。可在 ESPRIT 帮助文件中查看如何创建新工具条或自定义已有的工具条。按 F1 键打开帮助文件并在索引中单击"自定义"按钮。如果用户需要自定义 Smart Toolbar,则在索引中单击"Smart Toolbar 插件"。

1.2.4 元素选择

任何 CAD/CAM 系统的一个重要任务是在工件文件中选择元素种类。单一工件文件包括实体模型、线框几何、特征和刀具路径。还需要选择一个元素的独立部分,例如实体模型的边界线或端线,如图 1-22 所示。

图 1-22 工件文件的元素种类

(1)不同元素选择类型

1)如果需要在工作区域内选择单一元素,用鼠标进行选择。

2)如果需要一次性选择多个元素,用鼠标进行选择时按住"Ctrl"键来群选。

3)用户也可以利用鼠标绘制选择框来框选所需元素,任何在选择框内的元素均被选择。

4)如果需要选择一组相连接的元素,用鼠标进行选择时按住"Shift"键。

5)如果需要删除已被群选的元素,用鼠标选择待删除元素的同时按住"Ctrl"键。

(2)取消元素选择

在工作区域的其他空白位置单击即可取消元素选择。如果需要取消单个项目的选择,用鼠标进行选择时按住"Ctrl"键,用户也可以在按住"Ctrl"键的同时绘制选择框来取消元素选择。

(3)过滤选择

通过限制元素类型,过滤选择将帮助用户更快捷地选择元素。例如,可以设置选择过滤为"点"以便绘制选择框时只会选中点元素。选择完毕后应将过滤选择设置为"所有"。

(4)在项目管理器中选择项目

在项目管理器中,当一个特征或操作被选择时,该项目在工作区域会被高亮显示。当一个 ESPRIT 文件包含多种特征或操作时,如果特征或操作具有名称,在项目管理器中会更容易进行选取。

(5)HI 模式

当打开 HI 模式时,ESPRIT 将总是让用户确认所选元素。该设置允许用户选择彼此接近或相关的元素。例如,当一个特征被创建在几何上方或选择一个实体的表面而不是实体本身时,HI 模式能够更好地帮助用户进行选择。同时,ESPRIT 将提示"是否为正确的选择"并高亮选择点附近的一个元素。显示元素名称会使得选择更容易。例如,一条线段用字母 S 表示,一个点用 P 表示,实体用 SL 表示等。如果不是正确的元素,通过鼠标右键单击来否定。ESPRIT 将高亮显示最接近的元素。在这个例子中,需要选择型腔周围的特征,但是实体却高亮显示,用户需要继续单击鼠标右键切换至选择到高亮的特征。当正确元素高亮显示时,单击鼠标左键确定,如图 1 - 23 所示。

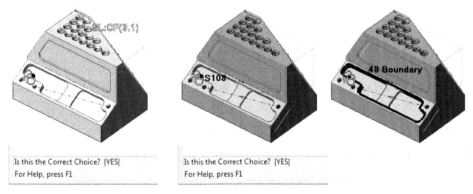

图 1 - 23　正确元素高亮显示

(6)SNAP 模式

当打开 SNAP 模式时,鼠标识别线段的中点和端点或圆弧的中心点作为有效的选择点,如图 1 - 24 所示。

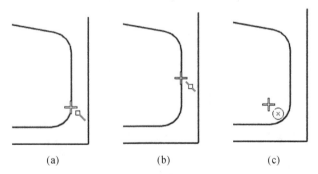

图 1 - 24　鼠标形状
(a)端点形状;(b)中点形状;(c)中心点形状

当 SNAP 模式打开时,鼠标形状改变为:

1) 端点形状:鼠标悬停在线段或圆弧的端点上。

2) 中点形状:鼠标悬停在线段或圆弧的中点上。

3) 中心点形状:鼠标悬停在线段或圆弧的中心点上。

（7）SUB - ELEMENTS 模式

当打开 SUB - ELEMENTS 模式时,用户可以选择独立的实体模型子元素或工作区域内的线切割特征。例如,可以选择面、面环或实体模型边界,同样可以选择二次曲线特征,如图 1 - 25 所示。

该模式对于选择一个待加工的独立实体表面时非常有用。群选属性指令依赖所选子元素来自动群选各种类型特征:孔、草图特征识别、车削特征和自由曲面特征。

图 1 - 25　待加工的独立实体表面

（8）INT 模式

当打开 INT 模式时,鼠标识别线段、圆弧或圆的交点作为有效的选择点,此时鼠标保持 INT 模式形状直到交点选择完成。在交点被选择后,鼠标形状立即退出 INT 模式。

（9）GRID 模式

ESPRIT 利用"选项"对话框中的"格点配置"选项设置网格模式(GRID 模式),该设置利用已定义的不可见矩形阵列来进行选择,该矩形阵列会提示点、角度以及距离等。用户可能需要设置格点间距来与工件绘制匹配。

1.2.5　平移、缩放和旋转视图

"视图"工具条上的指令用于控制工作区域的缩放、平移和旋转。利用鼠标和键盘会更快捷,如图 1 - 26 所示。

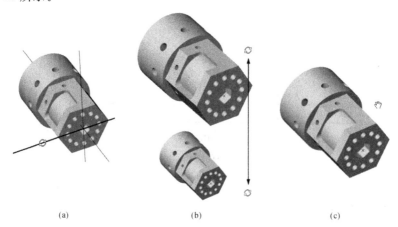

（a）　　　　　　　　（b）　　　　　　　　（c）

图 1 - 26　平移、缩放和旋转视图

（a）平移;（b）缩放;（c）旋转

（1）快速旋转

按住"Ctrl"键及鼠标中键或滚轮并移动鼠标来快速选择视角。如果在轴线或几何元素上按住鼠标，视角会沿该所选元素旋转。

（2）快速旋转可供选择的设置

1）单击"视图"工具条中的"旋转"指令。

2）按住"Ctrl"并按上下方向键沿水平轴旋转 15°。

3）按住"Ctrl"并按上下方向键沿垂直轴旋转 15°。

4）按住"Alt"并按左右方向键沿一般轴旋转 15°。

5）按住"Shift＋Ctrl"并按上下方向键沿水平轴旋转 90°。

6）按住"Shift＋Ctrl"并按上下方向键沿垂直轴旋转 90°。

（3）缩放

向前旋转滚轮缩小，向后旋转滚轮放大。缩放功能必须在鼠标位于工作区域内时才能实现。

（4）缩放可供选择的设置

1）使用"视图"工具条的缩放指令：缩放、前视图缩放以及动态缩放。

2）按住"Shift"键并按住上下方向键来缩放。

（5）智能缩放

按住"Shift"键和鼠标中键或滚轮，向前移动鼠标缩小或向后移动鼠标放大。在智能缩放模式下，不论鼠标的位置在哪，均以实体的中心进行缩放，这样当缩放时模型始终可见。

（6）平移

按住鼠标中键或滚轮，然后移动鼠标来左、右、前、后移动和平移视图。

（7）平移可供选择的设置

1）在"视图"工具栏上单击"平移"指令。

2）按住左、右、上、下键。

（8）键盘快捷键

1）按 F5 重画屏幕。

2）按 F6 切换至最适合大小。

3）按 F7 切换至上视图。

4）按 F8 切换至等角视图。

1.3 几何创建

在 ESPRIT 中可以创建两种类型的几何：带边界几何和不带边界几何。不带边界几何不含起始点和终点，例如无限直线或起始点和终点均相同的圆或椭圆。带边界几何不共享起始点和终点，例如一段线段和圆弧。一些几何元素既不属于带边界几何也不属于不带边界几何，例如点、矩形和多边形。另外,ESPRIT 提供裁剪或延长几何或倒角。当在工具条上单击一个几何指令时,几何创建模式被激活。该模式将一直保持到用户按"退出"键或单击另一个指令为止。例如,如果用户单击圆弧 1 指令,就能够在创建完一个圆弧后继续创建下一个圆弧。

1.3.1　输入数值

每一个几何指令在提示栏显示一系列信息(位于屏幕左下方)。该信息提示用户在工作区选择一个参考元素,例如一个圆弧中心点或线段端点,然后提示用户输入半径或距离数值,可以通过按住"回车"键或输入一个数值来接受显示数值。一旦用户在键盘上输入数值后,显示一个输入对话框,可以输入数值或数学公式来计算数值,例如 10/3 或 SQR(PI * 3)。

1.3.2　不带边界几何

当用户在 Smart Toolbar 上单击几何图标时,显示不带边界的几何工具条。供选择的指令如下:

1) ⊡ 点:利用参考元素或输入数值创建点。用户可以输入 X,Y,Z 坐标值,选择捕捉点或选择参考元素创建点:在捕捉位置上(端点、中点或中心点),两个元素的交点,沿一个元素的特定距离或位于参考位置的特定距离和角度。

2) ⟋ 线条 1:根据一个参考元素创建线条。参考元素可以是一个点、圆或圆弧的切线、平行直线或轴线。

3) ⟋ 线条 2:根据两个参考元素创建线条。两个参考元素可以是两个点、圆或圆弧的切线或以一定的距离平行于另一条直线。

4) ◉ 圆弧 1:根据一个参考元素创建一个圆弧。该圆弧以一个指定位置为圆心或与另一个圆弧同心。

5) ◌ 圆弧 2:根据两个参考元素创建圆弧。圆弧通过两点或与两点相切创建。

6) ◌ 圆弧 3:根据三个参考元素创建圆弧。圆弧通过三点或与三点相切创建,根据三点计算半径。

7) ◉ 椭圆 1:以一点为中心创建椭圆。用户将提示输入中心点、长轴角度、长轴半径和短轴半径。

8) ◌ 椭圆 3:根据三点创建椭圆。用户将提示输入中心点,定义长轴角度、长轴半径点和椭圆上任意点。

9) ⌐ 倒角:在参考元素之间创建倒角,根据所选几何来裁剪或延长倒角端点。

10) ✂ 保留:保留两个参考元素之间的元素并裁剪掉剩余部分。该指令同样用于圆弧转圆环,线段转直线或有边界椭圆转无边界椭圆。

11) 裁剪：裁剪掉两个参考元素之间的元素。

12) 点群：以固定间距创建点群。用户可以指定点的数目以及线性排列、环状排列或网格排列，可一次利用这些点创建一个 PTOP 特征。

13) 水平/垂直线：以一定的距离创建平行于 X 轴（水平）或 Y 轴（垂直）的直线。

14) 矩形：根据两点创建矩形。当参考点在同一平面上时，用四条线段创建矩形。当参考点不在同一平面上时，创建一个立方体。

15) 多边形：以一点为中心创建任意边数的封闭形状。

1.3.3　带边界几何

通过在"绘制"工具条上单击边界几何来显示边界几何工具条。大部分的指令是相似的，用户可以创建线段或者创建圆弧。

1) 线条 1：根据一个参考元素创建线条。参考元素可以是一个点、圆或圆弧的切线或平行直线或轴线，用户可指定长度及角度。

2) 线条 2：根据两个已定义起始点及终点的参考元素创建线条，两个参考元素可以是两个点、圆或圆弧的切线、平行直线或轴线。

3) 圆弧 1：根据一个中心点、半径及起始角度和终止角度创建圆弧。

4) 圆弧 2：创建相切两参考元素或经过两参考元素的带半径的圆弧。

5) 圆弧 3：根据已定义起始点、终点及一个经过点的三个参考元素创建圆弧。

6) 椭圆 1：以一点为中心创建椭圆。用户将提示输入中心点、长轴角度、长轴半径、短轴半径、起始角度和终止角度。

7) 椭圆 3：根据三点创建椭圆。用户将提示输入中心点，定义长轴角度、长轴半径点和终点，所选第二点同时定义椭圆起始点。

1.3.4　工作平面

当几何被创建时，几何将绘制在当前工作平面上而不是在缺省 XY 平面上。当前工作平面的位置及方向通过 UVW 轴显示，为了显示 UVW 轴，在"视图"菜单上单击 UVW 轴，如图 1-27 所示。

ESPRIT 提供三个预先设置的工作平面，这三个工作平面均以系统原点开始：① · XYZ：U，V，W 与 X，Y，Z 方向相同，几何绘制在 XY 平面上；② · ZXY：U，V 和 W 沿 Z，X 排列，Y 独立，几何绘制在 ZX 平面上；③ · YZX：U，V 和 W 沿 Y，Z 排列，X 独立，几何绘制在 YZ 平面上。

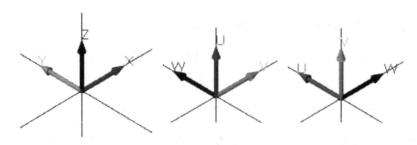

图 1-27　创建工作平面

在 ESPRIT 中,刀具轴线始终沿 W 轴或 Z 轴方向。用户可以通过使用修改工作平面工具条上的指令来创建自定义的工作平面。当单击 Smart Toolbar 上的"无边界几何"时,该工具条自动显示。

1)根据几何创建工作平面:根据所选几何元素创建工作平面。任意下列元素可被选择:两条相交直线或表面/实体边界线,一条直线和一个不在该直线上的点,不在同一条直线上的三个点以及一个圆。第一个元素定义 U 轴,第二个元素定义 V 轴。

2)平行工作平面:根据输入的 U,V,W 数值,以增量方式移动 UVW 轴。用户根据窗口左下方的提示栏信息操作。如果 UVW 与 XYZ 方向相同,该指令与工作平面平移相同。

3)工作平面平移:根据输入的 U,V,W 数值以及 XYZ 的方向,以增量方式移动 UVW 轴。用户根据窗口左下方的提示栏信息操作。

4)工作平面旋转:以所选直线或线段来旋转 UVW 轴。旋转 UVW 则是以任意角度旋转 UVW 轴。

5)工作平面镜像:根据所选镜像平面对 UVW 轴线进行镜像处理。用户可以创建镜像平面(根据几何创建工作平面)或选择已有的平面作为镜像平面,可以输入"名称",然后输入镜像平面的名称。在重定位工作平面后,就可以使用它,并且用户所创建的几何元素位置将位于新的 UVW 工作平面上。

为了保存当前 UVW 工作平面,打开工作平面对话框(按 F10)并单击"新平面",为新工作平面输入名称后单击"确定",如图 1-28 所示。当勾选"包括新工作平面"时,新平面将添加到工作平面选择下拉框中,以便于用户使用新工作平面,同时在工作平面下拉框和视图下拉框列表中,新的平面会附带"＊"以说明该工作平面包含视图。

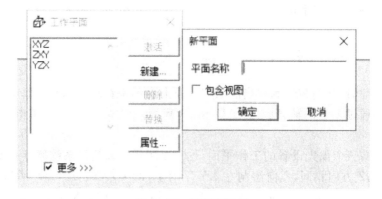

图 1-28　添加新平面

1.3.5　课程:绘制 2D 几何

本次课程将讲解如何绘制点、线、圆以及如何裁剪元素。

用户利用尺寸来绘制几何元素,所有尺寸单位均为 mm,如图 1-29 所示。

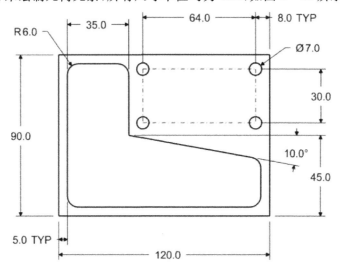

图 1-29　零件及其尺寸(单位:mm)

打开 ESPRIT,如果 ESPRIT 已经在运行,单击"新建"按钮,确认系统单位,在"工具"菜单中将单位设置为公制,如图 1-30 所示。设置视图为上视图,确认 SNAP 模式和 HI 模式打开。

图 1-30　将单位设置为"公制"

使用矩形指令绘制工件外边界,如图 1-31 所示。矩形指令需要输入两点来定义矩形的对角。用户将学习如何输入点位置。

1)在 Smart Toolbar 上单击"无边界几何"。

2)单击"矩形"指令。

3)提示"选择第一参考点",选择位于窗口中间的原点。

4)提示"选择第二参考点",如果没有第二个点,可知工件的边界尺寸为:宽为 120 mm、高为 90 mm。

5)输入"N"表明没有第二个参考点并按"回车"键。

6)提示"输入 X 值",输入数值 120。

7)提示"输入 Y 值",输入数值 90。

可以在输入框中以字符串的形式输入点的空间坐标值($n;120;90$)。

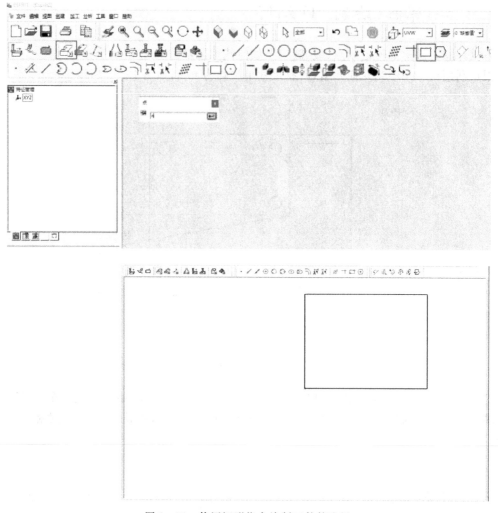

图 1-31 使用矩形指令绘制工件外边界

型腔边界线将偏移工件边界 5 mm，用户可以利用边界几何元素做参考，创建另一个几何元素。利用边界线段创建平行线（见图 1-32）步骤如下。

1)按 F6 放置矩形为最合适大小。

2)单击"线条 1"。

3)提示"选择参考元素"，选择其中一条线段。

4)提示"输入距离"，输入数值 5。

5)提示选择偏移方向"上、下、左或右"，选择边界内侧。

6)再次提示"选择参考元素"，选择另一段线段。

6)缺省距离为 5 mm，按"回车"键确定。

7)再次选择边界内侧。

8)根据提示创建型腔的最后两个边界。

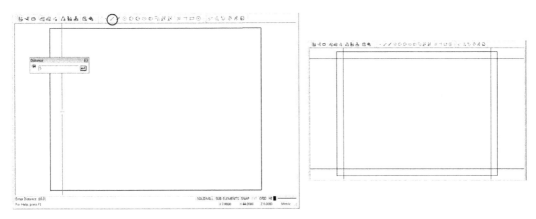

图 1 - 32　利用边界线段创建平行线

单击"保留"指令,选择型腔边界内侧的直线,并保留所需部分,以同样方式完成型腔边界裁剪,如图 1 - 33 所示。

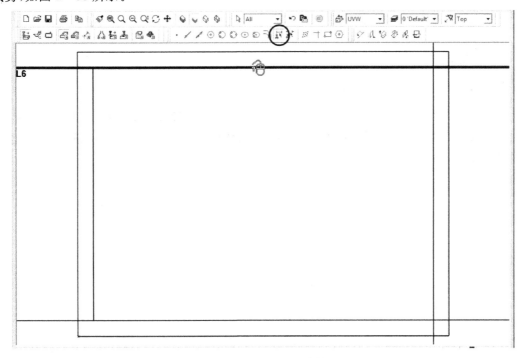

图 1 - 33　型腔边界裁剪

在距离型腔上半部分 5 mm,同时距离底部 45 mm 处有一条带角度的斜线。单击"线条1",如图 1 - 34 所示。

1)选择左侧型腔线段并输入 35 mm。

2)方向设置为所选线段右侧。

3)选择工件底部边界线段并输入 45 mm。

4)方向设置为所选线段上侧。

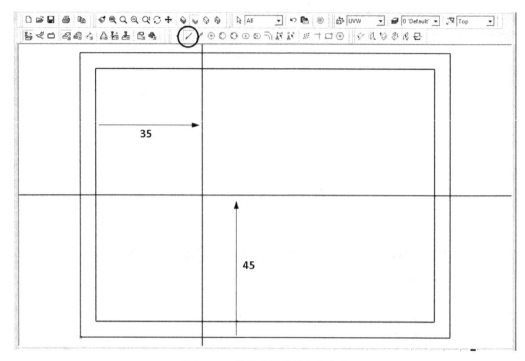

图 1-34　设置线段的距离和方向

由于"线条 1",如图 1-35 所示仍然处于激活状态,打开 INT 模式,移动鼠标至上步操作所创建的两条直线的交点处并选择交点,提示"输入角度",输入-10°。单击"选择"指令选择水平线并按"Delete"键删除。

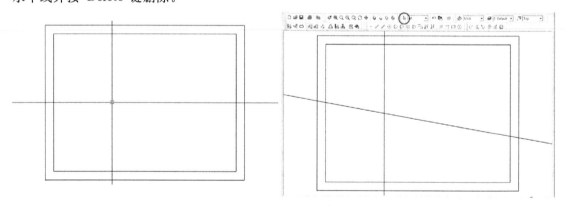

图 1-35　输入线段角度

除了与角度线相交处,所有的型腔都有 ϕ6 mm 的圆角,如图 1-36 所示。

1)单击"倒角"。

2)在对话框中设置半径为 6 mm。

3)在每一个需要倒角的地方选择线段并倒圆角。

4)设置圆角半径为 6 mm。

5)选择角度线位于交点右侧。

6)选择垂直线位于交点上侧。

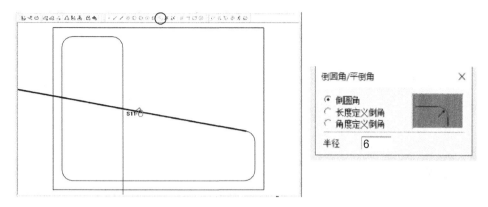

图 1-36   设置倒角半径

在工件右上角 8 mm 处需要绘制圆。根据工件的宽度和高度,可以计算出第一个圆心的位置。

1)单击"点"。

2)在对话框中选择"相对点/圆心点"。

3)设置 X 值,输入 120-8(宽度减去偏移量)。

4)设置 Y 值,输入 90-8(高度减去偏移量)。

5)设置 Z 值为 0,单击"应用"创建第一点,如图 1-37 所示。

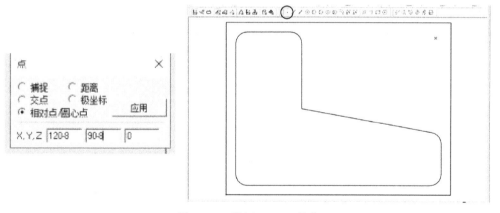

图 1-37   设置 X,Y,Z 的值

孔的水平间距为 64 mm,垂直间距为 30 mm。创建一个孔的最简单的方式是使用"点群"指令创建中心点,如图 1-38 所示。

1)单击"点群"。

2)在对话框中选择"矩形排列"。

3)设置水平数目和垂直数目均为 2。

4)设置水平距离为-64,垂直距离为-30。使用负数是因为点群将创建在参考点的下侧及左侧。

5)设置水平角度为 0°,垂直角度为 90°。

6)选择点群的第一点。

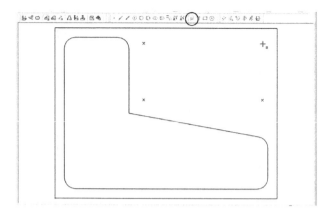

图 1-38 用"点群"指令创建中心点

使用创建的点绘制 7 mm 的孔。

1)单击"圆弧 1"。

2)选择一个点。

3)提示"输入半径值",输入 7/2 并按"回车"键。

4)选择另一个点并按"Enter"键来确认缺省半径值,使用相同方法创建另外两个圆,如图 1-39 所示。

5)按"Escape"键退出"圆弧 1"指令。

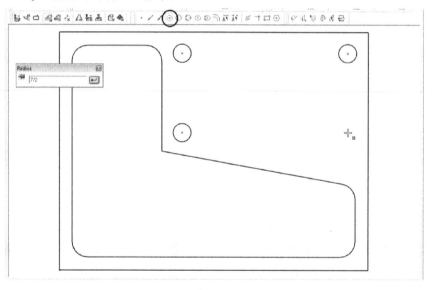

图 1-39 用创建的点绘制 7 mm 的孔

1.4 特 征

在 ESPRIT 中,特征作为加工功能的一个部分,具有以下功能:

1)描述所需加工的工件形状。ESPRIT 使用标准的加工特征,例如型腔、孔、轮廓以及面等。通过这种方式，一组特征能够描述整个工件的形状。

2)特征包含加工属性，用于控制仿真中的材料移除。这些属性包括加工深度、锥度、加工方向以及进刀/退刀点等。

3)如果在单击一个加工指令之前选择一个或一组特征，ESPRIT 将自动根据所选特征将加工属性载入技术页面中，这样会更节省时间以及防止手动输入数值时发生错误。

4)特征能够帮助用户完成自动创建加工操作，特征包含一些如何加工工件的属性，任意数目的加工操作均能与单一特征进行关联。一旦对特征进行了修改，与之相关的刀具路径也会自动更新。

1.4.1　特征类型

当创建一个特征时，该特征将属于以下特征类型中的某一类，参见图 1-36。

(1)链特征

一个独立的特征被视为一个链特征。一个链特征可能是一个工件的边界，一个简单的型腔边界或由线框几何构成的路径。一个链特征定义了一个刀具路径的起始位置、方向和终止位置。链特征非常简单，常用于反映刀具沿一个已定义的路径的运动情况，特别是轮廓加工。在多数情况下，刀具位于链特征的中心或向左或向右偏置。

(2)PTOP 特征

一个 PTOP(Point-to-Point)特征定义了一个刀路连接一系列的点或孔。PTOP 特征在钻孔加工中非常有用，同时能用于手动铣削。刀具将沿着此 PTOP 特征加工每一个孔。PTOP 特征包含孔的深度、直径和倒角等信息。

(3)特征集

特征集包含每一个待加工的特征。特征集在"特征管理器"中以文件夹的形式存在。一个典型特征集，例如型腔特征集包含子型腔或岛屿，工件特征集包含工件边界内的所有特征。

(4)自定义对象

所有由"拔模特征"指令创建的 EDM 特征均为自定义对象，自定义对象同样包含相关的特征类型，以判断特征是否是 2 轴特征或 4 轴特征。

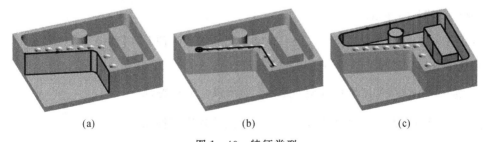

(a)　　　　　　(b)　　　　　　(c)

图 1-40　特征类型
(a)链特征；(b)PTOP 特征；(c)特征集

1.4.2　特征创建

特征由"特征"工具条中的指令创建,在 Smart Toolbar 中单击"特征"可显示该工具条。特征可由线框几何、实体、表面或 NURB 曲线创建。

1) ⬚ 手动创建链特征:手动选择特定位置的点来创建链特征,该指令同样可用于特征的编辑。

2) ⬚ 自动创建链特征:根据已有封闭或开发的几何元素自动创建链特征,特征可以根据组元素或手动选择起始点、特征方向和终止点来创建。

3) ⬚ 手动创建 PTOP 特征:根据群选或手动选择圆或点来创建 PTOP 特征。

4) ⬚ 孔创建:根据孔直径自动识别创建实体上的孔特征。

5) ⬚ 面轮廓创建:根据实体面、面环、实体边界或线框几何创建面轮廓特征。利用"特征参数"中的孔直径设置,面轮廓创建同样可处理所选面上的孔。

6) ⬚ 型腔创建:根据包含岛屿或孔的边界元素创建型腔特征。一个型腔特征可由实体面上的面环、链特征、群选元素 NURB 曲线以及表面曲线创建。利用"特征参数"中的孔直径设置,该指令同样可处理所选边界内的孔。

7) ⬚ 特征参数:定义参数来自动识别孔、表面轮廓和型腔。当使用"型腔创建"指令时,另一个设置控制"多重型腔创建"。

8) ⬚ 手动合成特征:根据两个或多个表面创建一个表面。当用户需要加工多个表面时,可使用指令。一个合成体被视为独立的加工实体。

9) ⬚ 剖面轮廓:在 UV 平面上创建几何或链特征。对于实体模型,一个剖面轮廓被创建在 UV 平面上。对于 NURB 表面,工件的侧面轮廓被沿 W 轴投影到 UV 平面上。

10) ⬚ 车削加工轮廓创建:在车削加工中,分析工件的 ODOD、ID 或端面投影轮廓并创建轮廓。一个车削轮廓可以由实体、实体表面、表面或 STL 模型创建,所计算出的轮廓可以是链特征或独立的几何元素。

11) ⬚ 拔模特征:在一个实体模型上自动创建 2 轴或 4 轴 EDM 特征,群选线框几何或实体表面,该指令只有当加工模式为线切割时有用。

12) ⬚ 齿轮:根据特定齿轮数据创建一个渐开线齿轮链特征。

13) ⬚ 凸轮:根据用户提供的数值创建一个凸轮轮廓链特征。

1.4.3　编辑特征

用户可以利用"特征编辑"工具条中的指令编辑特征。

1) 插入点：在已有的 PTOP 特征中插入点。

2) 新起始位置：改变链特征起始点位置。

3) 删除 PTOP 特征：从一个 PTOP 特征中移除一个点。

4) 回到前面：在一个已有链特征或 PTOP 特征中，从最后一步到第一步返回任意数目的元素，该指令只有当手动链特征功能激活时有用。

5) 尖角修改：在链特征拐角处倒圆弧（非相切连接），圆弧能应用于整个链特征或部分链特征。

6) 编辑内/外角：分析一个链特征或 EDM 特征，以识别所有拐角，然后为所有拐角自动应用用户自定义的拐角样式。一个拐角样式能设置为：应用于所有拐角、只应用于内拐角、只应用于外拐角、只应用于顺时针拐角或逆时针拐角。

7) 创建优化路径：在一个 PTOP 特征或孔特征中优化点之间的距离。

8) 反向：反转曲线、链特征或 PTOP 特征的方向。特征编辑工具条中的其他指令用于编辑 EDM 特征。

1.4.4　特征属性

"属性窗口"显示所选项目的所有属性，包括颜色、元素类型以及附加的加工属性，特征一般都包含加工属性，如图 1-37 所示。按"Alt＋Enter"键或在"视图"菜单中单击"属性"选项来显示"属性窗口"，除了整个特征属性之外，每一个特征也包含子元素属性，例如，一个 PTOP特征中每一个点的位置或一个链特征中线段的长度，可显示边界的封闭或开放。用户可以在选择一个特征时通过向前或向后按钮高亮显示子元素属性。为了编辑特征属性，可单击右列的属性值进行修改。这样用户可以根据 2D 几何创建特征并通过设置深度和锥度信息来为其添加 3D 属性。

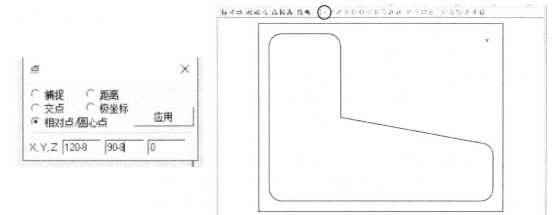

图 1-37　"属性窗口"显示所选项目的所有属性

1.4.5　特征与工作平面关联

在每次创建新特征时,一个相应的工作平面会自动与之关联,如图 1-38 所示。关联的工作平面属性将影响铣削刀具的方位及车削加工,但不影响 EDM 加工中的丝线方位。用户可以在"属性窗口"中查看工作平面属性。

ESPRIT 为每一个特征只关联一个工作平面,而不考虑特征的复杂程度。如果用户尝试删除一个与已有特征相关联的工作平面,ESPRIT 为了防止意外删除工作平面,会提示警告信息。

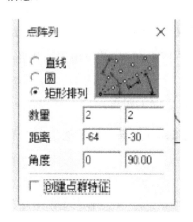
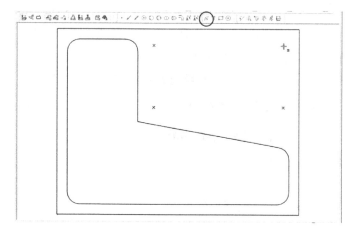

图 1-38　工作平面自动关联

1.4.6　课程:创建特征

本次课程非常简单,用户将了解 ESPRIT 特征自动识别功能。首先创建工件边界上的简单链特征,该类型特征适用于面加工和工件外轮廓加工,同时可以利用边界链特征创建仿真毛坯。然后,利用参数让 ESPRIT 识别孔和凸台并创建孔特征,如图 1-39 所示。本节讲解如何通过手动选择创建一个链特征以及如何通过群选几何更快速地创建链特征。手动选择可以控制特征的起始点和方向。

手动创建键特征过程如下:

1)打开文件:ESPRIT2010Parts\2Dpart.esp。

2)按 F2 打开"项目管理器"以查看创建的特征。

3)在 Smart Toolbar 上单击"特征"图标。

4)单击"自动创建链特征"。

5)提示"选择起始点",使用捕捉模式选择底部线段的中点。

6)提示"选择下一个元素",选择同一条线段的中点右侧以定义特征方向。

7)提示"选择终止元素",再次选择中点,特征将以同一点起始和结束。

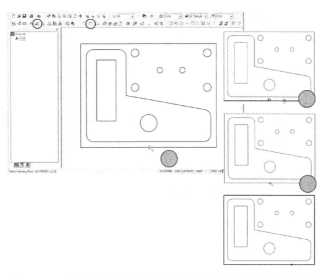

图 1-39　利用参数让 ESPRIT 识别孔和凸台并创建孔特征

快速创建链特征过程如下：

1）单击"撤销"删除特征，以便通过在轮廓上群选几何来创建新特征（见图 1-40）。

2）按住"Shift"键并选择工件外边界上的一个线段，以快速群选轮廓上的所有关联元素。

3）单击"自动创建链特征"。

4）链特征将自动以逆时针方向创建，起始点位于最长线段的中点处。轮廓上两段长线段尺寸相同，优先选择位于左下角的长线段。

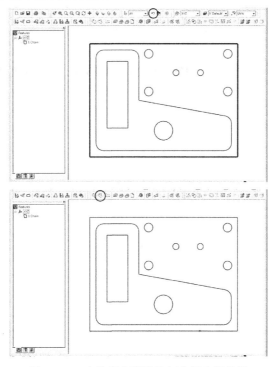

图 1-40　在轮廓上群选几何来创建新特征

工件的小圆环定义两个孔样式,型腔内的大圆环定义一个凸台。由于不需要识别大圆环为孔,因此用户需要定义识别成孔特征的最大圆环直径。

1)单击"孔创建"。

2)在最大直径处,单击选择箭头并选择一个圆环。

3)单击"确定"按钮。

ESPRIT 自动识别最大直径和最小直径之间的所有圆环,每一组具有相同直径的圆环将创建一个相应的孔特征,如图 1-41 所示。

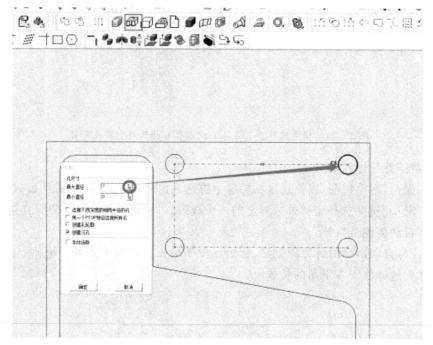

图 1-41 ESPRIT 识别最大直径和最小直径之间的所有圆环

第2章 3轴铣削加工

学习目标

- 利用 CAD 绘图进行加工编程
- 创建铣削刀具以及创建 2～2.5 轴的铣削操作
- 铣削加工仿真
- 生成 NC 程序
- 了解 3D 特征在加工编程中的优势
- 在 ESPRIT 中设置铣削机床信息

工作任务

了解创建 2～2.5 轴铣削操作的两种方法：①以 CAD 绘图为基础创建特征及铣削操作；②使用实体模型，模型具有 3D 属性，用户将更快捷地创建特征以及利用此类具有加工属性的特征自动创建加工操作。

2.1 导入 CAD 绘图

在 ESPRIT 中打开一个 Auto CAD 文件。

1）在"标准"工具条上单击"打开"按钮。

2）选择文件：ESPRITPartFiles\SolidMill Traditional\25Dpart. dxf。

3）在打开对话框中单击"选项"按钮并确保文件单位为公制。

4）单击"确定"按钮关闭打开对话框。

5）单击"打开"按钮。

该绘图文件有一些几何元素可以用于特征创建，用于可以利用图层工具控制几何元素的显示。选择文件和打开的 CAD 文件，如图 2-1 和图 2-2 所示。

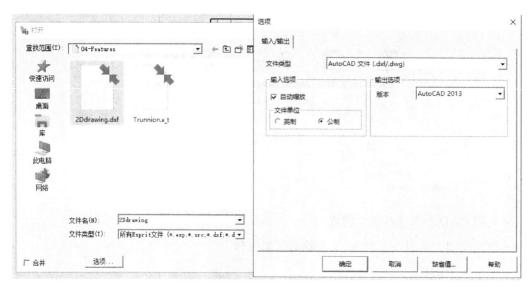

图 2-1　选择文件

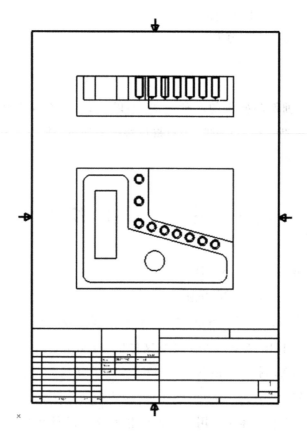

图 2-2　打开的 CAD 文件

2.1.1 图层

该绘图文件已包含在 Auto CAD 中创建的图层。当用户导入该绘图文件时,图层也一起被导入。图层可以让用户显示或隐藏几何元素。如果元素被放置在某一个图层上,可以关闭该图层来隐藏它。被隐藏的元素只是暂时隐蔽而不是永久删除。用户可以随时通过把图层打开来显示几何元素。该 CAD 绘图中包含一些加工操作所不需要的元素,例如绘图边界和标题栏。用户可以隐藏这些不需要的元素而只查看工件几何,操作如下。

1)在图层和平面工具条上,单击"图层"图标。

2)勾选全部图层(图形界面显示所有输入的元素),如图 2-3 所示。

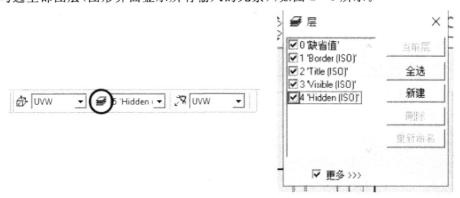

图 2-3 勾选图层

3)分别为特征和加工操作创建相应的新图层。

4)在"图层"对话框中单击"新建"。

5)为该新图层输入名称"精车端面"并单击"确定"按钮,如图 2-4 所示。

6)再次单击"新建",再次输入图层名称"加工"并单击"确定"按钮。

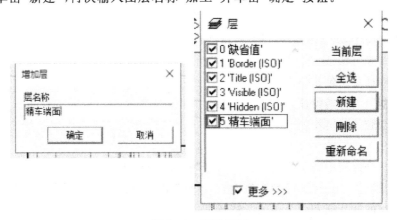

图 2-4 新建图层

被激活的图层在图层列表中以红色线框显示。所有新元素均被创建在当前激活图层上。由于用户将继续创建特征,所以需要激活特征图层,选择特征单击当前图层关闭对话框。

2.1.2 定位待加工工件

Auto CAD 绘图原点并不在工件几何上。为了方便编程加工，需要将原点移至工件边界的左下角点。ESPRIT 不需要移动工件就可以改变原点。在"编辑"菜单上单击"移动原点"指令，提示"选择新原点"，选择工件边界的左下角点为新原点，如图 2-5 所示。

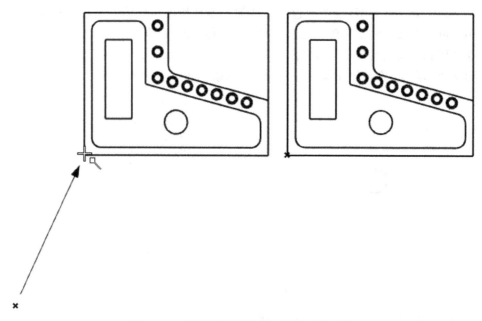

图 2-5　选择工件边界的左下角点为新原点

2.1.3 创建链特征

用户将使用简单 2D 几何来创建下列特征：

1)封闭式型腔链特征。

2)边界链特征用于创建仿真毛坯。

3)开放式型腔内部链特征。

4)开放式型腔外部链特征

5)孔特征。

应用在第一个课程中所了解的知识。由于"特征"图层为当前层，所以所有新创建的元素都会放置在该图层上。这个封闭型腔里面有一个圆形岛屿和一个矩形岛屿，因此用户将创建一个型腔外轮廓的链特征和两个岛屿的链特征。

1)在 Smart Toolbar 上单击"特征"工具条图标。

2)按住"Shift"键来群选型腔边界元素。

3)单击"自动创建特征"，选择型腔里的圆形岛屿，并用鼠标左键单击"自动创建链特征"。

4)按住"Shift"键来群选矩形岛屿的边界元素。

5)单击"自动创建特征",如图 2-6 所示。

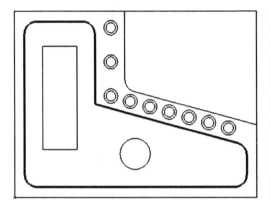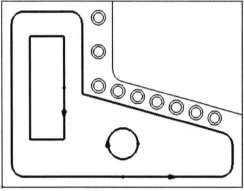

图 2-6　创建一个型腔外轮廓的链特征和两个岛屿的链特征

按住"Ctrl"键并选择工件边界内的每一个线段。单击"自动创建特征",如图 2-7 所示。

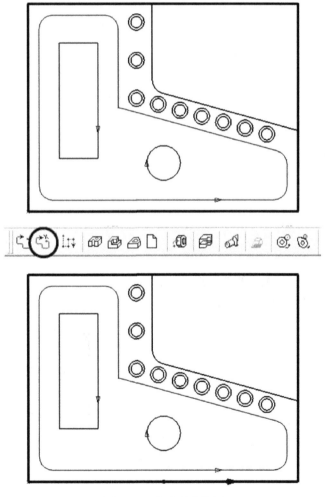

图 2-7　自动创建特征

在创建此链特征时,由于链特征的起始点和终止点位于不同的位置,所以将创建一个开放式的轮廓特征。在选择终止点后用户需要单击"循环结束"指令来结束链特征的创建。

创建开放式的轮廓特征步骤如下:

1)单击自动创建。

2)选择起始点。

3)选择链特征方向。

4)选择终止点。

5)在"编辑"工具条上单击"循环结束",如图 2-8 所示。

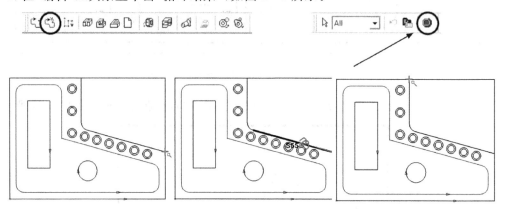

图 2-8　创建开放式的轮廓特征

选择和设置铝孔的外圆步骤如下:

1)单击自动创建。

2)选择起始点。

3)选择链特征方向。

4)选择终止点。

5)单击循环结束。

6)单击"孔"。

7)单击最大直径旁边的选择箭头并选择钻孔的外圆。

8)单击"确定"按钮,如图 2-9 所示。

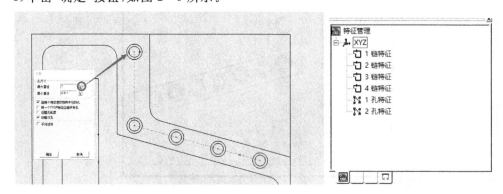

图 2-9　选择和设置铝孔的外圆

2.2　铣 削 刀 具

ESPRIT 中的所有铣削操作均需要创建相应的刀具。通过定义刀具、刀刃以及刀位来设置一把铣刀。用户可以在预设好的常用刀具类型中创建新刀具，例如端铣刀和钻刀，或根据几何参数自定义刀具，如图 2-10 所示。

图 2-10　用户在常用刀具类型中创建新刀具

2.2.1　刀具管理器

所有刀具均可在"项目管理器"中的"刀具"标签页中进行管理。刀具管理器可以让用户创建、编辑、复制、重命名和删除刀具。用户同样可以在"刀具管理器"和数据库中转移刀具。"刀具管理器"将显示当前可用的所有刀具。刀具将以其在机床上的放置位置（在铣刀头上或车刀头上）来分组。列表中的刀具能以任意专栏进行分组并且用户可以使用区域选择器来选择专栏。通过右键单击任意刀头专栏可选择这些选项。

刀具同样可以从一个刀头或刀塔转移至另外一个。为了移动或复制刀具，右键单击刀具并选择复制或移动，如图 2-11 所示。如果选择"不分配"，刀具将不在当前位置安装。

图 2-11   右键单击刀具并选择复制或移动

2.2.2   创建一把新铣刀

刀具能够直接从"刀具管理器"中创建或利用"铣削刀具"工具条创建。ESPRIT 提供预定义的铣削刀具列表。如果刀具不在列表中,用户可以自定义铣刀。

关于如何创建自定义刀具,可参考 ESPRIT 帮助文件。当用户在"铣削刀具"工具条上单击一个指令时,将显示一个刀具页面来定义刀具属性。

在第一个标签页定义刀具的常用属性如刀具 ID 和刀具号。仿真切削颜色控制当刀具切削材料时毛坯的阴影颜色。为每一把刀具定义不同的切削颜色对于区分不同的加工操作非常有利。

在第二个标签页定义刀具方位。刀具方位可以从缺省位置变换为其他位置。

接下来在第三个标签页定义刀柄、刀套和刀刃参数。刀刃属性取决于用户所创建的刀具类型,如图 2-12 所示。

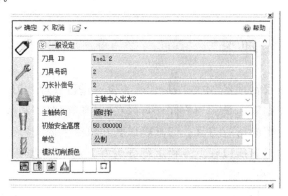

图 2-12   用户创建的刀具类型

2.2.3　根据数据库创建刀具

安装 ESPRIT 时,ESPRIT 数据库会同时安装。数据库中包括预定义的刀具、缺省工件类型等。"刀具管理器"含有数据库菜单指令,用于在刀具管理器和刀具数据库中转移刀具,如图 2-13 所示。

图 2-13　"刀具管理器"

在"刀具管理器"中,用户可以分类和筛选刀具列表中的刀具。在选择需要添加至 ESPR IT 文件的刀具后,单击窗口底部"添加所选刀具"。在添加数据库中的刀具后,很容易分辨哪一把刀具与数据库相关,因为其后面会显示数据库图标。具体详细信息可参考 ESPRIT 帮助文件中的"刀具管理器"。

2.2.4　刀具库

刀具库可由多个刀具或单个刀具构成。刀具库通过定义一组刀具以便刀具可以在相似编程操作中重复使用。

与刀具存储在数据库中不同的是,一个刀具库是一个静态的刀具列表,并包含刀具属性信息。一旦在 ESPRIT 中打开一个刀具库,刀具将集成到文件中,如图 2-14 所示。用户不能通过更新刀具库文件来更新刀具。然而刀具库为多用户共享刀具信息提供了一种方便的途径。对于本次课程,用户需从刀具库中载入刀具,ESPRIT 刀具库文件后缀为".etl"。

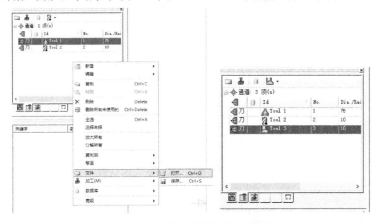

图 2-14　从刀具库中载入刀具

如果"项目管理器"不显示,按 F2 快捷键。单击"加工刀具"标签页。在"刀具管理器"内右键单击并选择文件→从菜单打开,打开文件:ESPRITPartFiles\SolidMillTraditional\25DpartTools.etl。

2.3　铣削加工技术

ESPRIT 有三种主要的加工模式:铣削加工、车削车铣复合加工和线切割加工。用户可以在 Smart Toolbar 中选择其中一种加工模式。加工模式同时会在状态栏显示,一次只能选择一种加工模式,一旦工件开始进行加工编程,ESPRIT 将锁定加工模式,一个文件只允许有一种加工模式。

2.3.1　技术页面

当用户在"加工"菜单中选择一个加工指令后,将显示该指令相关的技术页面。每一个技术页面提供相关的加工设置来控制加工操作,如图 2-15 所示。

每一组铣削操作参数分别位于不同的标签页。每个铣削操作都要在"一般设定"标签页和"加工策略"标签页中选择操作使用的刀具、设置主轴转速和进给速度以及定义刀具移动的加工策略等。大部分铣削技术页面还提供其他标签页来设置与该操作相关的指定参数。

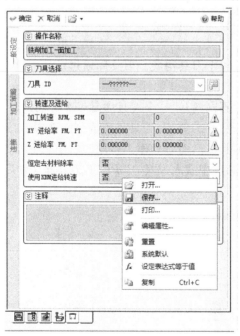

图 2-15　刀具"加工"菜单的技术页面

用户可以通过单击右键弹出的下拉菜单的"保存"来保存特定操作的技术参数设置,技术参数设置以 ESPRIT 工艺文件形式保存(＊.prc)。要重新使用这些保存过的参数设置,用户可以通过单击右键弹出的下拉菜单的"打开工艺文件",找到该文件并单击打开。如果已经输入数值但需要重置所有加工参数为系统缺省值,单击右键弹出的下拉菜单的"系统缺省"命令,如果只需要重置某一个参数,右键单击该参数区域并选择"系统缺省"。如果需要查看技术页面各个设置的详细信息,可单击"帮助"按钮显示 ESPRIT 帮助文件进行查看。

2.3.2　铣削加工安全高度

控制铣削刀具安全高度的参数位于"一般设定"标签页。安全高度用于设置刀具位置,使刀具在一个位置和另一个位置之间快速移动。ESPRIT 提供两个独立距离定义回退运动。一个距离是指从 Z0 处的绝对距离。另一个距离定义为刀具与工件之间的最小距离。一旦定义了这两种距离,就可以利用它们控制刀具的回退高度。这两种距离测量各有优点。当用户知道距离工作台平面的绝对高度时,例如爪盘和夹具,可以控制刀具回退至某一个安全高度来避开这些障碍物。为了节省时间,可以设置刀具与工件的最小回退距离,以避免可能出现的碰撞。

1)最大安全高度:该值为从坐标原点开始测量的绝对数值。ESPRIT 提供两种坐标系:全局坐标系(系统缺省)和参考坐标系(用户自定义)。

2)安全高度:该值为从工件开始测量的相对数值。除了回退距离外,ESPRIT 也可以让用户控制单个操作或几个操作之间的刀具运动,如图 2-16 所示。

3)回退平面:该设置在刀具开始加工之前和加工之后创建一个距离平面。

4)抬刀平面:该设置在一个加工操作之内创建一个距离平面。该距离表示在刀具完成一个加工后需要回退至该平面来进行下一个加工。回退平面和抬刀平面共享四个选项,但用户也可以为它们设置不同选项。

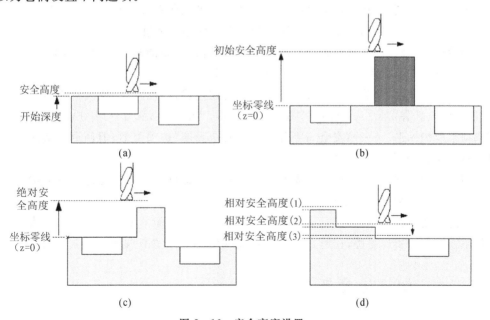

图 2-16　安全高度设置
(a)安全高度;(b)初始安全高度;(c)最大安全高度;(d)局部深度

（1）安全高度

刀具回退至安全高度距离,该距离从起始深度处测量。参看"加工深度"。当刀具重定位过程中不会发生任何碰撞时,可使用该设置。

（2）初始安全高度

该数值在刀具页面设置。该数值是从 ESPRIT 原点 P0 处测量的绝对数值。当刀具在重定位过程中需要避开障碍物（例如爪盘和夹具）时,可使用该设置。

（3）最大安全高度

刀具回退到最大安全高度值。如果从世界坐标系输出,该数值从 P0 处测量。如果从本地坐标系输出,该数值从坐标系原点测量。当刀具必须在操作之间避开工件上的障碍物时,可使用该设置。

（4）局部深度

刀具回退至一个安全高度值,该高度从刀具回退位置测量。当刀具将在一个相对较低的平面上重定位时,可使用该设置。

2.3.3　切削深度

切削深度可在"一般设定"标签页上进行控制。深度设置在 Z 方向上,包括刀具从起始位置开始加工的距离、每次进刀距离以及最后加工距离。

1）总深度:该数值定义 Z 方向切削总深度,根据所选特征进行测量。如果数值为正,刀具加工所选特征下方。如果数值为负,刀具加工所选特征上方。

2）每次进刀深度:该数值定义每次加工时 Z 方向的切削深度。总深度和每次进刀深度可控制加工次数,最后一次加工取决于总深度数值和底面毛坯余量。

3）起始深度:该数值定义起始加工深度,从所选特征开始测量。如果数值为正,刀具加工所选特征下方。如果数值为负,刀具加工所选特征上方。

4）内部回退深度:该数值控制每次进刀后刀具的回退位置。由于该设置控制刀具的回退距离,因此可以选择"最大安全高度""初始安全高度"和"局部深度"。用户同样可以设置为"无"选项来取消回退。"表面安全高度"选项与"安全高度"选项类似,但回退距离是从特征处测量而不是从起始深度处测量的。

5）切削之间的回退距离（仅限轮廓加工）:该数值控制每次双向轮廓加工前后的刀具的回退位置。如果轮廓加工不包含双向操作,该设置不应用。

6）通过深度（仅限型腔加工）:该设置仅适用于不含有底面的型腔。输入一个大于型腔深度的数值以便完全贯通型腔,在输入此数值后,总切削深度为总深度加工通过深度。

2.3.4　切削速度及进给

进给和主轴转速设置显示在两列中。左列是实际的进给和转速,右列用于程序载入。如果在其中一列中输入数值,另一列的数值会自动计算,如图 2-17 所示。

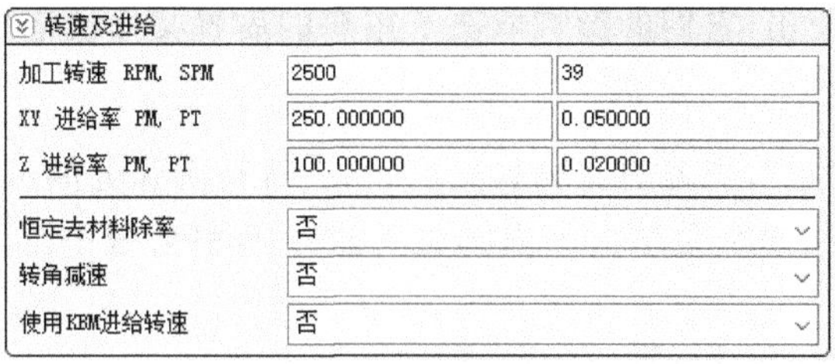

图 2-17　进给和主轴转速设置界面

（1）切削速度

用户可以使用切削速度每分钟转速（Revolution Per Minute，RPM）或表面线速度（Surface per miuute，SPM）。切削速度受刀具直径影响。以一个固定 RPM 数值计算，更大的刀具直径将导致更大的切削速度。如果设置 RPM 切削速度，系统利用该数值和刀具直径来计算显示 SPM 切削速度。RPM 切削速度与 SPM 切削速度之间的换算公式如下（1in＝2. 54 cm）：

$$\text{SPM in} = \text{RPM} \times \text{PI} \times 刀具直径 / 12$$

$$\text{SPM 公制} = \text{RPM} \times \text{PI} \times 刀具直径 / 1000$$

同理，如果设置 SPM 切削速度，系统会自动换算 RPM 切削速度，换算公式如下：

$$\text{RPM in} = (12 \times \text{SPM}) / (\text{PI} \times 刀具直径)$$

$$\text{RPM 公制} = (1000 \times \text{SPM}) / (\text{PI} \times 刀具直径)$$

（2）XY 进给 PM，PT

这些数值同样相互影响。进给速率定义单位为（in/mm）每分钟（Per Miunte，PM）或每齿（Per Tooth，PT）。通常情况下，进给速率为刀具加工工件材料的速率。XY 进给速率允许用户指定 XY 平面内的进给。为了利用 PM 计算 PT，系统换算公式如下：

$$\text{PT} = \text{PM} / (齿数 \times \text{RPM})$$

同理，系统换算公式如下：

$$\text{PM} = \text{PT} \times 齿数 \times \text{RPM}$$

X 刀具直径和齿数在刀具页面设置。在 XY 平面上有三种运动类型，该进给速率以下列 NC 代码表示：

类型 1：N15G01X_Y_

类型 2：N15G01X_

类型 3：N15G01Y_

（3）Z 进给 PM，PT

Z 向进给控制与 Z 轴相关的进给速率，该进给速率以下列 NC 代码表示：

类型 1：N15G01X_Y_Z_

类型 2：N15G01X_Z_

类型 3：N15G01Y_Z_

类型 4：N15G01Z_

（4）最大进给 PM，PT

当"不变进给速率"设置为"是"时，最大进给速率可用于限制进给速率的增加。这些设置可能被使用也可能不被使用,它们的影响取决于用户的后置文件设定。

(5)不变进给速率

如果该选项设置为"是",当刀刃与材料接触时,会维持圆弧处的进给速率不变。在输入的 NC 程序中,外圆处的进给速率会增大而内圆处的进给速率会减小。最大进给速率用于限制进给速率的增加。

(6)使用数据库中的切削速度及进给

如果该选项设置为"是",数据库中的进给速率会自动载入。在该选项设置为"是"之前,用户必须进行以下操作:

1)已经在数据库中的进给速率管理器中设置数值参数。

2)选择进给速率标准和材料类型(位于"加工"工具条)。

3)在刀具 ID 列表中选择刀具。

4)选择加工类型(该选项只有当"使用数据库中的切削速度及进给"设置为"是"时才显示)。

ESPRIT 将综合进给速率标准、材料类型以及技术页面的设置,提供最合适的切削速度和进给速率。所载入的切削速度和进给受"刀具材料"和"齿数"的影响,同时,所选加工类型也会影响载入的切削速度和进给。

2.4 利用链特征创建铣削操作

在本节用户将了解如何创建铣削操作,为了完成此工件的加工(见图 2-18)用户需要进行以下操作:

1)创建型腔加工操作来粗加工封闭型腔。

2)创建轮廓铣削操作来粗加工和精加工开放型腔。

3)创建中心钻孔和攻螺纹孔操作。

4)创建型腔加工操作来精加工封闭型腔的侧壁和底面。

5)创建轮廓铣削操作来为工件倒角。

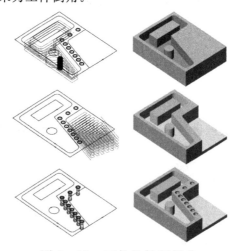

图 2-18　工件的铣削操作

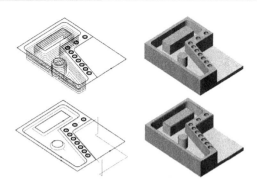

续图 2 - 18   工件的铣削操作

2.4.1   型腔铣削加工

型腔铣削指令可以让用户创建粗加工、壁面精加工和底面精加工,可以只创建粗加工或精加工。在本次操作中,用户将只创建粗加工。由于该型腔内部包含刀具,刀具需要进行回退运动,所以应使用螺旋进刀方式并限制刀具螺旋进刀的区域。

1)在"图层和工作平面"工具条上选择"Machining"图层。

2)在"特征管理"选择"1 链特征"。

3)在 Smart Toolbar 上单击"铣削加工"。

4)单击型腔加工。

5)在右键下拉菜单中单击"重置所有"重置所有设置,如图 2 - 19 所示。

图 2 - 19   型腔铣削指令的操作界面

在"操作名称"里,输入"SolidMill-RoughPocketing"。选择刀具"EM⌀8"。输入切削速度 RPM 为 5000 并按"Tab"键计算 SPM 速度。按"Tab"键切换到 XY 进给(PM)。输入 XY 进给 PM 为 120。输入 Z 进给 PM 为 80,如图 2 - 20 所示。当用户在技术页面输入数值时,可以使用"Tab"键或鼠标来切换参数设置栏。如果按"Enter"键,ESPRIT 将关闭对话框并创建加工操作。

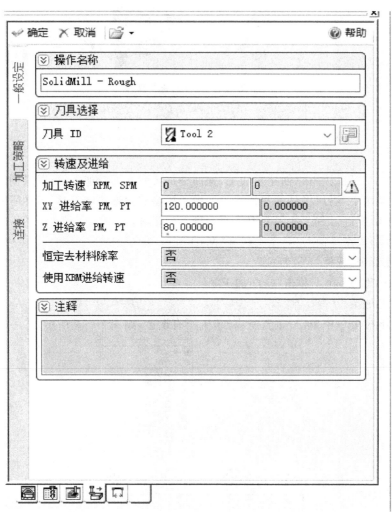

图 2 - 20　输入切削速度和进给量

用户单击"加工策略"标签页,设置加工策略、加工余量及加工深度如图 2 - 21 所示。
设置下列参数:
1)加工策略=往返式。
2)径向余量(壁面毛坯余量)=0.2。
3)轴向余量(底面毛坯余量)=0.4。
4)结束深度(总深度)=18。
5)切削深度(增量深度)=5。

图 2-21　设置加工策略、加工余量及加工深度

单击"型腔"标签页,在"岛屿特征"里单击,并选择型腔里的两个链特征,如图 2-22 所示。

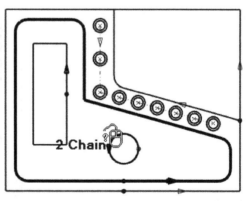

图 2-22　单击"岛屿特征",选择链特征

设置下列参数,参见图 2-23。
1)进刀模式=范围内螺旋进刀。
2)最大半径=4.75。
3)螺旋角度=1。

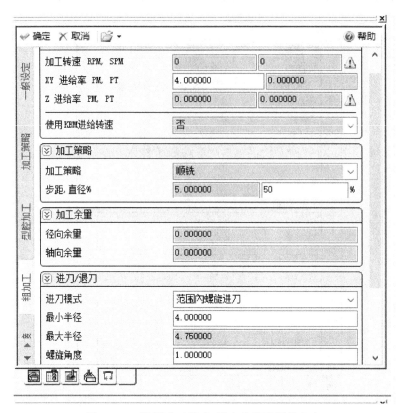

图 2-23 设置进刀模式、最大半径及螺旋角度

单击"链接"标签页,设置"最大安全高度"为 100,单击"确定"按钮,如图 2-24 所示。

 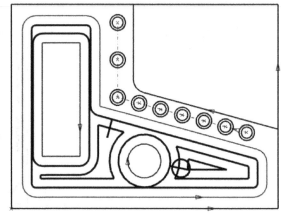

图 2-24 设置最大安全高度

2.4.2 轮廓铣削加工

轮廓加工是以所选特征形状为基础的。用户可以设置刀具轴线在特征上或以特征为中心

左右偏移,输入偏移距离或使用刀具半径。偏移方向由特征方向决定。在单步轮廓加工操作内,用户可以选择创建单独的粗加工或精加工操作。粗加工可以沿所选特征进行垂直或水平方向偏移。垂直加工在 Z 方向以增量深度进行偏移。双边加工以加工次数和步距来进行偏移。

ESPRIT 可以让用户控制加工顺序:群选所有 Z 向加工或以偏移距离群选加工。"加工顺序"设置(位于"粗 & 精加工"标签页)用于控制加工顺序。在此操作中,用户将创建双边轮廓操作,以加工开放型腔,其中每一边的增量深度为 5 mm。

用户将创建开放轮廓操作,因此可以控制当刀具到达型腔外部时裁剪刀具的路径。在此例子中,用户将通过指定加工次数来简单地偏移刀具路径。其他选项可以便于利用其他特征或镜像中心来裁剪刀具路径。

1)在"特征管理器"中选择"5Chain"。

2)在"传统铣削加工"工具条上单击"轮廓铣削"。

3)重置技术页面为"系统缺省"。

4)设置操作名称为"SolidMill-ContouringPocket"。

5)设置参数:刀具＝EM⌀8;•切削速度 RPM＝5000;•XY 进给 PM＝1200;•Z 进给 PM＝800

如图 2-25 所示。

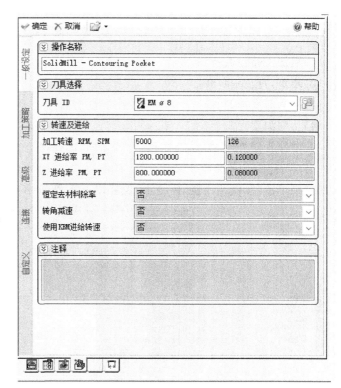

图 2-25　裁剪刀具路径

单击"加工策略"标签页,设置下列参数,如图 2-26 所示。

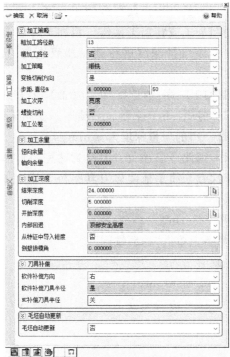

图 2-26　设置"策略"标签页的参数

1）粗加工路径数＝13。

2）步距，直径＝4，50。

3）结束深度＝24。

4）切削深度＝5。

6）软件补偿方向＝右。

6）NC 补偿刀具半径＝关。

分别单击"高级""连接"标签页，设置以下参数，如图 2-27 和图 2-28 所示：

图 2-27　设置"高级"标签页的参数

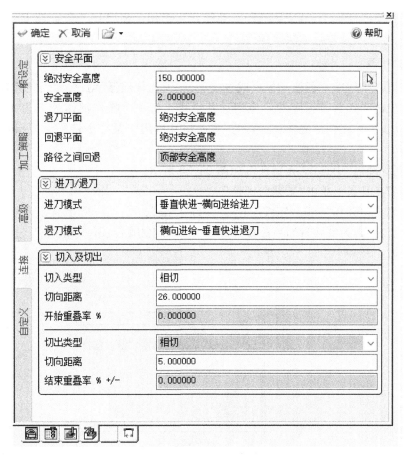

图 2-28 设置"连接"标签页的参数

1）保持在特征以内＝是。

2）裁剪＝否。

3）摆线加工＝否。

4）绝对安全高度＝150。

5）退刀平面＝绝对安全高度。

6）回退平面＝绝对安全高度。

7）进刀模式＝垂直快进-横向进给进刀。

8）退刀模式＝横向进给-垂直快进退刀。

9）引导进刀形式＝相切。

10）切向距离＝26。

11）切向距离＝5，单击"确定"按钮。

2.4.3　钻孔铣削加工

一个钻孔操作包括钻孔、中心钻孔、攻螺纹孔和镗孔等。对于深孔，用户可以创建啄孔循环操作。对于中心钻孔和沉头孔，可以指定倒角刀直径，ESPRIT 将使用该直径自动计算孔循环加工深度。在本次课程中,将应用三种钻孔操作。当用户需要在一个特征上创建多个操作时,可以创建一个工艺文件包含所有操作。

(1)工艺管理器

工艺管理可在数据库中创建和保存或直接通过"工艺管理器"创建。"工艺管理器"能让用户选择需要创建的操作并按一定顺序应用这些操作。每一个操作都作为工艺文件的操作之一,其顺序可以改变。在创建完操作后,用户可以将其应用于某一个特征上或保存为文件,方便下次使用。

1)在"特征管理器"中选择"孔特征",如图 2-29 所示。

2)在"加工"工具条上单击"工艺管理器"。

3)在操作列表中选择"SolidMillTraditional-Drilling"。

重置技术页面为"系统缺省",更改操作名称为"SolidMill-CenterDrilling",设置如下参数,如图 2-30 所示。

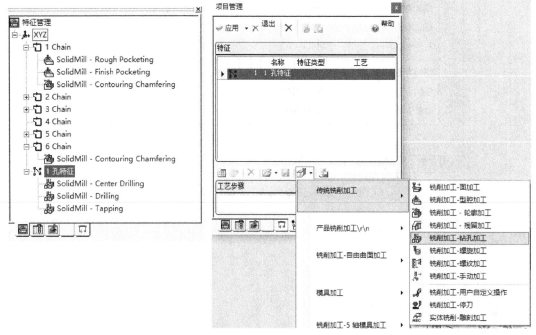

图 2-29 在"特征管理器"中选择"孔特征"

1)刀具 ID＝CenterDrillϕ2.5。

2)加工转速 SPM＝15。

3)Z 进给 PR＝2。

4)使用倒角刀直径＝是。

5)倒角直径＝7。

6)绝对安全高度＝160。

7)安全高度＝5。

8)结束点退刀平面＝绝对安全高度,单击确定将操作添加值管理器中。

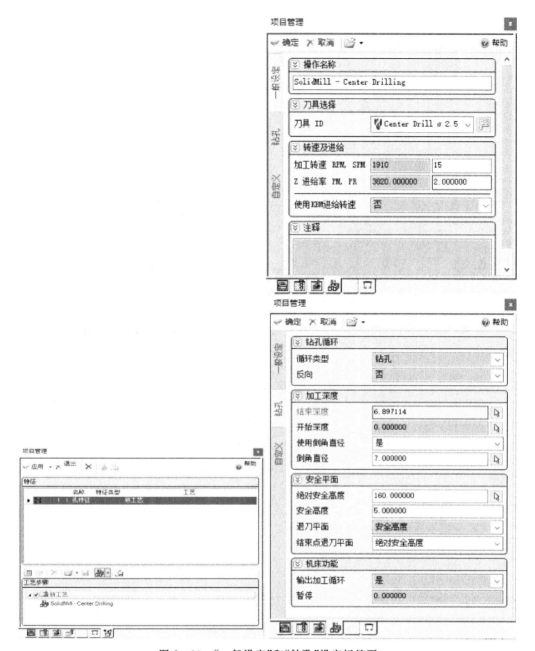

图 2-30 "一般设定"和"钻孔"设定标签页

再次选择"SolidMillTraditional-Drilling",更改操作名称为"SolidMill-Drilling",设置如下参数,如图 2-31 所示。

1)刀具 ID=Drillϕ5。

2)切削速度 SPM=15。

3)Z 进给 PR=1.25。

4)使用倒角刀直径=否。

5)结束深度=15,单击确定将操作添加值管理器中。

— 59 —

图 2-31 "钻孔"设定标签页(二)

再次选择"SolidMillTraditional-Drilling",更改操作名称为"SolidMill-Tapping",设置如下参数,如图 2-32 所示。

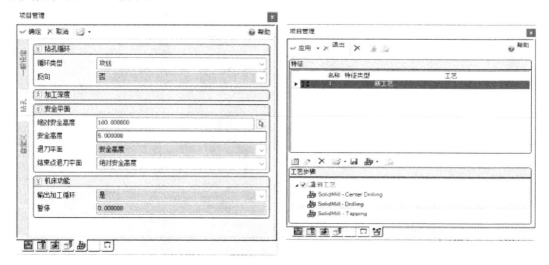

图 2-32 "钻孔"设定标签页(三)

1)刀具 ID＝M6。

2)切削速度 SPM＝10。

3)Z 进给 PR＝1。

4)循环类型＝Tap。

5)总深度＝12,单击确定将操作添加值管理器中。

在"工艺管理器"中单击"应用",单击"退出"按钮关闭"工艺管理器",如图 2-33 所示。

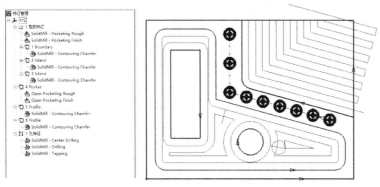

图 2-33　设定并关闭"工艺管理器"

2.4.4　型腔铣削精加工

在此步骤中,用户将使用"型腔加工"指令来精加工封闭型腔的壁面和底面,只创建精加工操作。"型腔加工"指令可让用户分别使用不同的刀具和切削速度来加工壁面和底面。在本次课程中,使用同一把精加工刀具。

(1)刀数次序

"一般设定"标签页中的"刀数次序"用于控制粗加工、壁面精加工和底面精加工顺序。其中:R=Rough,W=WallFinish,F=Floor Finish。此外,还有两种加工修改类型:A=All,E=Each。当使用"A"修改一个加工时,加工将单独生成循环。当使用"E"修改一个加工时,当前加工与上一步加工相关联。例如,如果"加工顺序参数"设置为"R|AW|AF"则先进行所有的粗加工,然后为壁面精加工,最后为底面精加工。如果"加工顺序参数"设置为"R->EW|AF",则先进行粗加工和壁面的精加工,然后进行底面精加工,如图 2-34 所示。关于"加工顺序参数"的详细信息可参考 ESPRIT 帮助文件。

图 2-34　"加工顺序参数"设置

选择"型腔"特征,单击"型腔加工",ESPRIT 会自动记忆上一次使用该操作的参数设置,更改操作名称为"SolidMill-FinishPocketing",选择刀具 EMϕ6,单击"一般设定"标签页,如图 2-35 所示。

1)粗加工路径=否。

2)侧壁精加工路径=是。

3)底面精加工路径=是。

4)更改"增量深度"为 3。

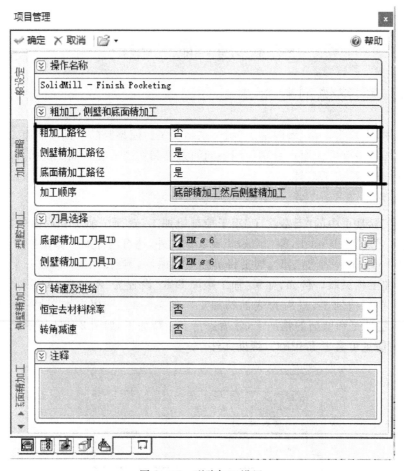

图 2-35　型腔加工设置

选择"侧壁精加工"标签页。设置下列参数,如图 2-36 所示。

1)加工转速=3500。

2)XY 进给 PM=1200。

3)Z 进给 PM=800。

4)加工刀数=1。

5)软件补偿刀具半径=是。

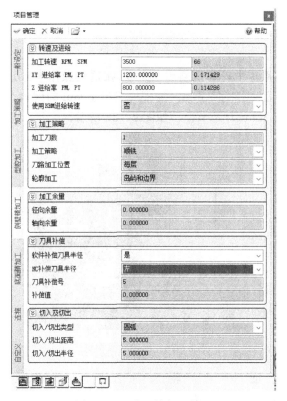

图 2 - 36　壁面精加工设置

选择"底面精加工"标签页，设置下列参数，得到的效果图如图 2 - 37 所示。

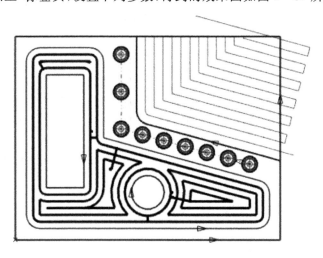

图 2 - 37　底面精加工设置

1)切削速度 RPM＝3500。

2)XY 进给 PM＝1200。

3)Z 进给 PM＝800。

4)步距＝3，单击确定。

2.4.5　倒角

在 ESPRIT 中,倒角操作由轮廓铣削加工完成,在这些操作中,用户需要深度为 1 mm 的倒角。倒角刀角度为 45°且直径为 5 mm。为了加工出 1 mm 的倒角,需要偏移刀具半径并设置刀具底面深度值为 2.5 mm(刀具半径),如图 2-38 所示。

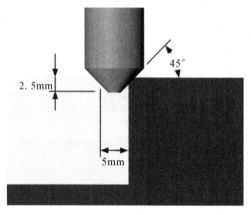

图 2-38　倒角参数设置

选择"1Chain"特征,单击"轮廓加工",将操作名称设为"SolidMill-ContouringChamfering",如图 2-39 所示。

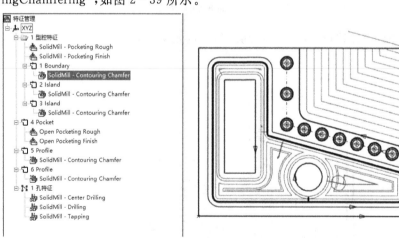

图 2-39　更改名称和参数设置

设置下列参数:

1)刀具＝Chamferϕ5。

2)粗加工刀数♯＝1。

3)总深度＝2.5。

4)偏移方向＝左。

5)导入类型＝距离。

6)导入距离＝2。

7)导出距离=2,单击确定。注意"导入"位于特征起始点处。

对型腔内部的岛屿创建相同的操作,如图 2-40 所示。

1)在"特征管理器"中右键单击操作并选择"复制"。

2)在特征"2Chain"上右键单击并选择"粘贴"。

3)在特征"3Chain"上右键单击并选择"粘贴"。

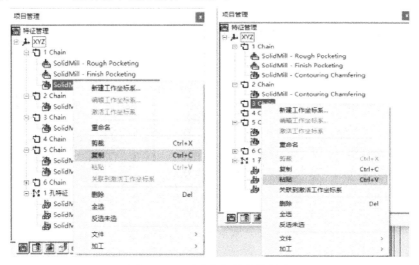

图 2-40　型腔内部的岛屿创建

在"特征管理器"中设置与圆形岛屿相关的操作,如图 2-41 所示。

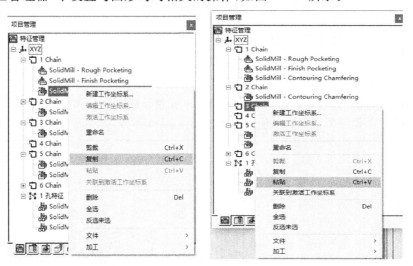

图 2-41　圆形岛屿在"特征管理器"中设置

设置如下参数:

1)更改"电脑补偿方向"为右。

2)更改"导入距离"为 5,并按"Tab"键。

3)"导出距离"自动与"导入距离"匹配,单击确定更新操作。

4)在"特征管理器"中双击与矩形岛屿相关的操作。

5)更改"电脑补偿方向"为右,并单击确定。

6)选择特征"5Chain"。

7)单击"轮廓铣削"。

8)除了"导入"和"导出"设置外,使用相同的参数设置并从特征右侧加工。

9)设置"偏移方向"为右。

10)更改"引导进刀形式"为"相切"。

11)单击确定,得到如图 2-42 所示界面。

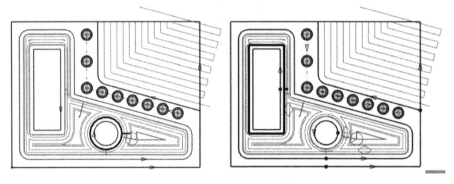

图 2-42 轮廓铣销(1)参数设置

设置如下参数:

1)选择特征"6Chain"。

2)单击"轮廓铣削"

3)将"总切削深度"设置为 26"增量深度"设置为 0。

4)更改"进刀模式"为"进给下刀-进给位移"。

5)设置"退刀模式"为"进给位移-进给提刀"。

6)改变"导入类型"为"距离"。

7)设置"起始过切"为-90。该设置将偏移刀具在特征内来避免与开放型腔壁面碰撞。

8)单击"确定",得到如图 2-43 所示界面。

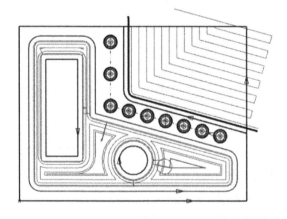

图 2-43 轮廓铣削(2)参数设置

2.5　仿真铣削操作

待加工操作创建完成后,在生成 NC 程序之前,用户可以在 ESPRIT 中仿真所创建的加工操作,可以选择需要仿真的某一个操作或仿真所有操作。

2.5.1　仿真工具条

仿真由 Smart Toolbar 上的"仿真"工具条控制。主要的指令包括:运行、暂停和停止。同样可以利用"单步仿真"和"多步仿真"来控制仿真速度,利用"刀具可见"和"刀柄可见"指令来显示和隐藏刀具及刀柄,如图 2 - 45 所示。

图 2 - 44　"仿真"工具条指令栏

2.5.2　仿真参数

"仿真参数"指令可以让用户控制一个仿真的显示,选择显示或隐藏几何、刀具路径以及碰撞检查等。请查看 ESPRIT 帮助文件了解更多信息。

2.5.3　仿真毛坯

仿真毛坯即使加工操作以线框几何为基础,在本次课程中,用户同样可以查看实体仿真毛坯。毛坯在"仿真参数"对话框中的"实体"标签页上进行设置,同样可以定义实体夹角和加工完成后的毛坯。通过"边界"链特征来创建毛坯,将拉伸链特征的深度设为 30mm,如图 2 - 45 所示。

1)在 Smart Toolbar 上单击"仿真"。

2)单击"仿真参数"。

3)单击"实体"标签页。

4)选择"类型"为毛坯并由"拉伸"创建。

5)单击选择箭头并选择边界链特征。

6)设置 Z+为 0,Z-为 30。

7)单击"添加"按钮将实体添加值列表中。

8)单击确定。

9)单击"单步仿真"来显示仿真毛坯。

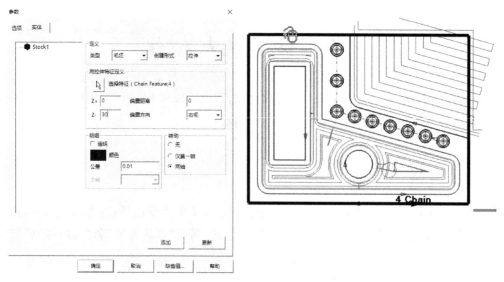

图 2-45　仿真毛坯参数设置

在"项目管理器"中单击"操作"标签页来查看操作列表。设置视图为"等角视图",单击运行,当操作被仿真时,该操作在操作列表中高亮显示,当最后一步操作仿真完毕后,单击"停止"退出仿真模式,如图 2-46 所示。

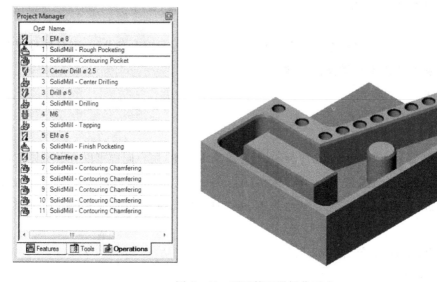

图 2-46　项目管理器操作列表

2.6　实体模型加工编程

在本次课程中,用户将使用相同的操作,使用实体模型,将发现在实体模型上创建特征和铣削操作会更加容易。

2.6.1　铣削高级特征识别

当一个实体模型被用于特征识别时,ESPRIT 将自动识别深度和材料去除方向。对于孔来说,同样可识别斜孔和镗孔。与链特征不同的是,这些属性会自动载入技术页面。

2.6.2　面轮廓特征

对于实体模型,可以自动识别实体模型边界或面环边界。当上面环被选择时,特征以向下方式创建。当下面环被选择时,特征以向上方式创建,但特征不会延伸至邻近最高壁面。如果使用"面轮廓"指令来识别开放型腔,用户必须手动定义特征开放边界并将特征延伸至邻近最高壁面。在"标准"工具条上单击"打开",打开文件:25Dpart-fromSolid.esp,如图 2-47 所示。

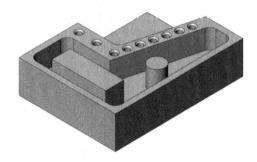

图 2-47　面轮廓特征实体

1)在 Smart Toolbar 上单击"特征"。
2)单击"型腔加工"。
3)使用 HI 模式选择上部封闭型腔面环。
4)单击"孔"。
5)单击"确定"。
6)单击"型腔加工"。
6)选择开放型腔表面。
操作过程如图 2-48~图 2-50 所示。

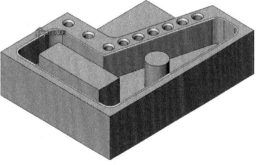

图 2-48　型腔加工

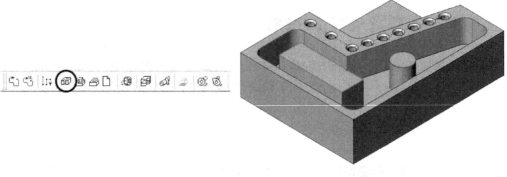

图 2 - 49　选择上部封闭型腔面环

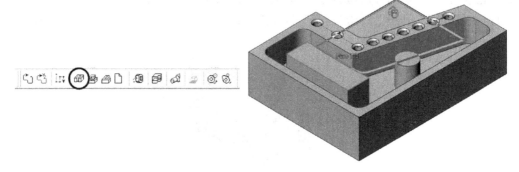

图 2 - 50　选择开放型腔表面

旋转实体查看工件背面。

1)单击"面轮廓",如图 2 - 51 所示。

2)选择上部开放型腔的三条边界,如图 2 - 52 所示。

3)单击"确定"。

4)单击"面轮廓"。

5)选择开放型腔底面的外缘。

6)单击"确定"。

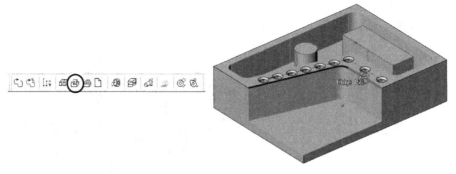

图 2 - 51　"面轮廓"选择

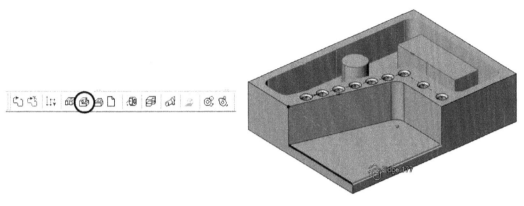

图 2-52　选择开放型腔三条边界线

2.6.3　利用 3D 特征创建铣削

在实体模型上创建加工操作与在线框工件上创建操作是一样的。只要有一个开放型腔特征,用户就可以创建型腔操作来加工开放型腔。

（1）开放式型腔

开放型腔加工应用于特征至少含有一个开放边界的型腔加工。当一个特征包含开放元素时,这些开放元素将用于可能的进刀和退刀运动。"一般设定"标签页中的型腔技术参数可让用户控制开放型腔刀路,开放边界参数可控制刀具在特征内部的偏移距离。该值可以直接输入也可以以刀具半径的百分比数值输入。"导入距离"和"导出距离"用于刀具在开放边界内的抬刀,该距离从开放边界偏移处开始测量。"参数化改变加工方向"可设置往返式的刀路或单一刀路。"参数化改变加工方向"只有当"刀具运动模式"设置为"同中心向内"或"同中心向外"时有效。

（2）技术文件

为了节省本次课程的时间,载入预设好的 ESPRIT 技术文件(＊.prc)。这些文件位于文件夹"SolidMillTraditional\Process"里。

1）选择"型腔特征"。

2）单击"型腔加工"。

3）在右键弹出的下拉菜单中单击"系统缺省"。

4）注意此次总深度被自动设为特征深度值。当选择一个 3D 特征时,不需要输入深度值。

5）在右键弹出的下拉菜单中单击"打开工艺文件"。

6）从工艺文件夹中选择文件:01-RoughPocketing.prc,并单击"打开",如图 2-53 所示。

7）操作参数被载入至技术页面。

8）单击确定。

图 2-53　技术文件中打开工艺文件

为了铣削开放型腔,用户将使用一个包含粗加工和精加工的工艺。

1)选择"开放型腔特征"。

2)在"加工"工具条上单击"工艺管理器"。

3)单击"打开工艺文件"。

4)选择文件:02-Openpocketing complete.prc,并单击"打开"。

5)双击粗加工操作以打开技术页面,然后单击"型腔"标签页。

注意"变换切屑方向"设置为"否",刀具将以一个方向进行加工,与在线框几何中创建的轮廓加工操作类似。注意将"开放边界偏移"设置为刀具半径的110%。该设置将使得刀具在进刀和退刀的过程中能够完全加工刀开放边界。单击"取消"关闭技术页面。

打开精加工技术页面并选择"壁面精加工"标签页,由于该操作不包含粗加工,所以开放型腔的导入和导出设置都在该标签页面上。在"策略"标签页上设置刀具移动的底面精加工刀路,如图 2-54 所示。单击"取消"关闭技术页面。在"工艺管理器"中单击"应用"。

图 2-54　壁面精加工"策略"设置

使用一个保存的工艺文件来钻孔,由于"工艺管理器"仍然打开,选择"孔特征"。在"工艺管理器"中,孔特征将代替开放型腔特征。

1)单击"打开技术文件"。

2)选择文件:03 - TappingforM6complete.prc,并单击"打开",如图 2 - 55 所示。

3)载入三步工艺。

4)单击"应用"。

图 2 - 55　孔特征中技术文件

孔特征中"型腔"特征设置如下:

1)选择"型腔"特征。

2)选择文件:04-FinishPocketing.prc。

3)单击"应用",如图 2 - 56 所示。

图 2 - 56　孔特征中"型腔"特征

"岛屿特征"设置如下：

1）在"型腔"内选择"岛屿特征"边界。

2）选择文件：05-Chamferpocket. prc。

3）单击"应用"，如图 2-57 所示。

图 2-57　孔特征中型腔选择"岛屿特征"

矩形岛屿特征设置如下：

1）选择"矩形岛屿特征"。

2）选择文件：06-ChamferIsland Rectangle. prc。

3）单击"应用"，如图 2-58 所示。

图 2-58　孔特征中矩形岛屿特征

圆形岛屿特征设置如下：

1）选择"圆形岛屿特征"。

2）选择文件：07-ChamferIsland Circle. prc。

3）单击"应用"，如图 2 - 59 所示。

图 2 - 59 孔特征中圆形岛屿特征

开放型腔壁面轮廓特征设置如下：

1）选择"开放型腔壁面轮廓特征"，如图 2 - 60 所示。

2）选择文件：08-Chamfer open pocket top. prc。

3）单击"应用"。

4）选择"开放型腔底面轮廓特征"。

5）选择文件：09-Chamfer open pocket bottom. prc。

6）单击"应用"。

7）单击"退出"关闭"工艺管理器"。

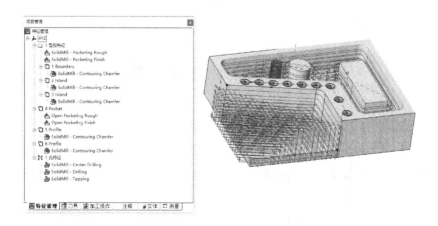

图 2 - 60 开放型腔壁面轮廓特征

加工仿真设置如下：

1)更改视图为平面仿真。

2)更改显示为"显示边框"。

3)在仿真工具条上单击"运行"。

注意用户同样可以查看加工仿真（见图 2-61）。在机床设置中已经定义为铣床,可以使用"高级仿真"工具条中的指令来控制机床显示。

1)单击"机床床身可见"指令来显示或隐藏机床非运动工件。

2)单击"刀塔可见"来显示或隐藏刀塔。

3)单击"工作台可见"来显示或隐藏工作台。

4)单击"夹具可见"来显示或隐藏夹具。

5)单击"停止"退出仿真模式。

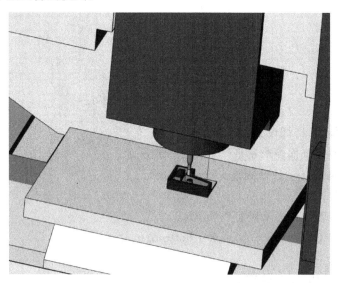

图 2-61　查看加工仿真

2.7　铣床设置

"机床设置"指令可让用户设置 2～5 轴铣床的类型,可以定义 X,Y,Z 方向独立运动和 A,B,C 的旋转运动,因此可以准确自定义所需的机床设置并在仿真中准确显示机床运动。对于标准的 3 轴铣削,机床不需要进行特殊的设置。

机床设置如下：

1)在 Smart Toolbar 上单击"加工"并选择"机床设置"指令。

2)该机床设置为 MoriSeikiNV4000DCG,如图 2-62 所示。

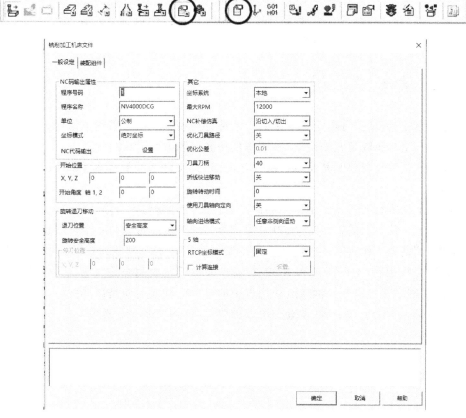

图 2-62　加工中机床设置

2.7.1　机床常规属性

"一般设定"标签页用于设置机床的常规信息。"NC 输入属性"用于设置程序号、测量单位以及选择是否以增量或绝对量输出程序。在本次课程中,旋转回退运动设置、起始位置设置以及 5 轴铣削加工设置互不影响。"杂项"设置包含机床的如下信息:

1)坐标系:用户选择的坐标系用于相关的加工操作。当选择世界坐标系时,X,Y 和 Z 的位置与坐标原点(0,0,0)相关。当选择本地坐标系时,X,Y 和 Z 位于相关的工作坐标系。

2)最大切削速度 RPM:输入主轴最大转速。加工操作中的最大切削速度不能超过该限制。

3)NC 偏移仿真:当"刀具补偿 NC"设置为"左"或"右"时,该设置可显示仿真中的导入和导出移动,输入数值用于"偏移寄存器数值"。

4)优化刀具路径:该设置仅适用于自由曲面刀具路径。用户可以选择弯曲刀具路径,例如线段、样条曲线和圆弧。优化容差用于控制计算刀路和近似刀路的偏差。

5)刀柄:控制刀柄在铣削仿真中的显示。30 为最小值,60 为最大值。

6)快进类型:如果机床支持"折线"快进运动,该选项设置为"on"并避免仿真中的碰撞。当该选项设置为"off"时,直线插补将应用于刀具快进。

7)旋转索引时间:对于带旋转轴线的机床来说,输入旋转运动的总时间(s)。

8)使用刀具轴线限制:当该参数为"on"时,在刀具页面中设置刀具在轴线上的位置。当该参数为"off"时,ESPRIT 假定刀具与 Z 轴平行。

2.7.2 机床装配树

在"装配"标签页,用户可以定义铣床的三个部件类型:床身、刀塔和工作台。

每一部分都由其属性定义轴线运动、实体模型文件和刀塔、刀位。

机床部件通过仿真可控制其显示。已存在的 STL 文件必须被导入 ESPRIT 中来定义机床部件实体。

1)"床身"定义所有在仿真中不运动的部件,例如控制面板、床身等。

2)"刀塔"定义铣刀头的轴线运动、刀位数目等。一个实体可以与一个轴线运动关联。

3)"工作台"定义工作台的轴线运动。一个实体可以与一个轴线运动关联。对于此机床,刀塔具有 Z 轴直线运动,工作台具有 X 和 Y 轴直线运动。当用户定义多于一个的轴线运动时,轴线自由度顺序非常重要。轴线运动列表中的第一个轴线运动是该部件的主要运动方式。第二轴设置在第一轴线上,第三轴设置在第二轴线上等,如图 2-63 所示。

图 2-63 机床装配树定义

2.8　生成 NC 程序

　　只要加工操作和机床设置正确,就非常容易创建此机床的 NC 程序。用户可以选择某一个加工操作并创建 NC 程序,也可以为所有操作创建 NC 程序。本次课程将生成所有操作程序。

　　(1)输出 NC 程序

　　1)在加工设置工具条上,单击机床设置图标。

　　2)在"NC 程序输出"区域,单击"设置",如图 2-64 所示。

　　3)单击"添加 NC 程序输出"。

　　4)在对话框中,单击文件浏览按钮来寻找所需后置文件。

图 2-64　NC 程序输出设置

　　缺省情况下,NC 程序文件名称与后置文件名称一致。如果需要为 NC 程序文件定义不同的名称,在 NC 文件名称处输入定义的新名称。

　　1)单击"确定"添加后置文件。

　　2)单击"确定"关闭对话框。

　　3)单击"确定"关闭机床设置。

　　4)在"加工"工具条上单击"NC 程序"。

　　NC 程序编辑器将自动打开。注意程序的第一行中的程序号和机床名称以及在技术页面中使用的第一个操作名称。

5)在"NC 程序编辑器"的"视图"菜单中,单击"行数"显示编辑器中的行数目,如图 2－65 所示。

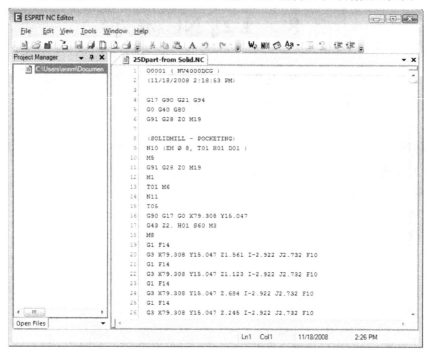

图 2－65　显示编辑器中的行数目

"查找"命令设置:

1)在"编辑"菜单中选择"查找"(或按 Ctrl＋F)。

2)在"查找对象"栏中输入"倒角"并单击"查找下一个"。

3)单击"关闭",如图 2－66 所示。

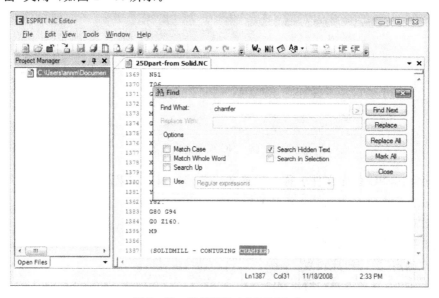

图 2－66　编辑菜单中"查找"命令

编辑菜单选择设置：

1)在"编辑"菜单中选择"重编行数"(或按 Ctrl＋R)。

2)设置起始行数为 0。

3)设置行数增量值为 5。

4)设置最大数值为 5。

5)选择"附加小数点前的零位"。

6)单击"应用"，如图 2－67 所示。

7)关闭 NC 编辑器。

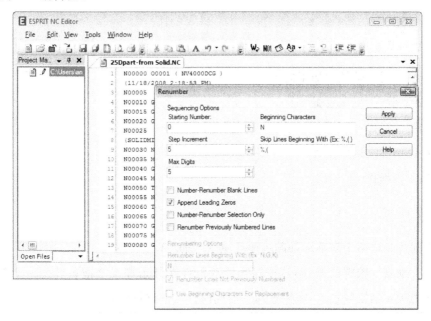

图 2－67　编辑菜单选择

第3章 4轴铣削加工

 学习目标

- 工作平面对多轴铣削加工的影响
- 定轴铣削加工机床设置
- 定轴铣削操作
- 缠绕铣削加工机床设置
- 缠绕铣削操作

 工作任务

产品铣削加工适用于多轴运动的机床环境,特别是多自由度的工作台旋转运动。定轴铣削加工用于4轴或5轴铣削操作,这些操作需要工件在开始加工之前旋转到一个新的位置。缠绕铣削适用于4轴铣削加工,需要在加工的同时让工件进行旋转。

3.1 工作平面

通过打开一个带多个表面的工件文件来开始本次课程。

1)在"标准"工具条上单击"打开"。

2)打开文件 ESPRIT 2010 Parts\SolidMill Production\MoriSeiki NMV5000_Indexing.esp,如图3-1所示。

在此工件中,所有需要被用于铣削加工的特征已经创建完毕。

当一个特征被创建时,ESPRIT将自动关联一个工作平面。对于铣削操作来说,工作平面的方位非常关键,因为刀具始终沿着W轴(或Z轴)方向进行加工。如果用户需要在一个并不存在的平面上创建一个特征,ESPRIT将自动创建一个新的工作平面。特征与工作平面相互关联。如果用户试图删除一个与特征相关联的工作平面,ESPRIT将显示警告信息,如图3-2所示。

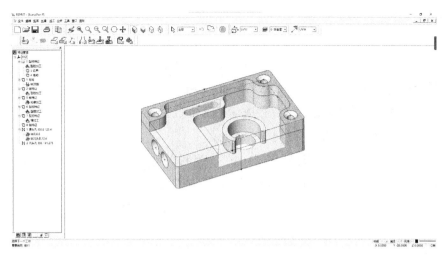

图 3-1　在文件中打开模型

图 3-2　关联工作平面警告信息

与特征相关联的工作平面显示在"属性窗口"中(按 Alt+Enter 显示属性窗口)。一个特征只能关联一个工作平面。如果其他特征被创建在同一个工作平面内,ESPRIT 将使用已有工作平面。

当特征创建在此工件上时,有五个新的工作平面被创建。当 ESPRIT 创建一个新的工作平面时,平面会被分配一个顺序号,例如"10 Plane"。为了确保工作平面更容易识别,可以在工作平面对话框中通过改变平面的名称属性来重命名它,如图 3-3 所示。

图 3-3　改变平面名称属性

设置平面选择工作平面如下：

1）在"视图"菜单中，选择 UVW 轴线，如图 3-4 所示。

2）在"特征管理器"中，选择特征"05 Pocket-Face M"。

3）在"属性窗口"中，注意工作平面为"Chamfer M"。

4）设置工作平面为"Chamfer M"以便查看平面方位。

5）改变视图为"Back Pockets"以便于查看。

用户可以将 W 轴设置为平面法向方向向外。当利用此特征创建铣削加工操作时，刀具的方位与此轴线方向一致。选择其他工作平面来查看它们的方位。

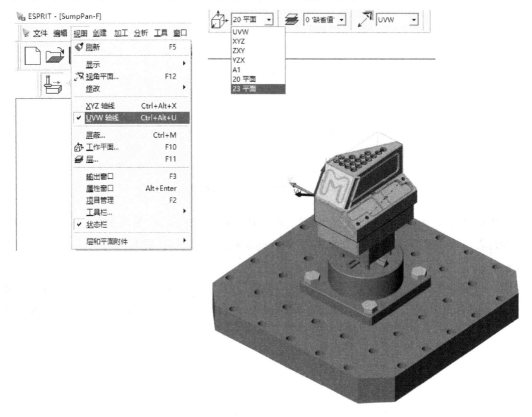

图 3-4　设置平面选择工作平面

3.2　定轴铣削加工机床设置

ESPRIT 为铣床提供三种轴线运动：直线运动（X，Y，Z）、旋转运动（A，B，C）以及换刀轴线（刀头的旋转轴被用于换刀）。每一个轴线定义一个轴线点和矢量。轴线点定义轴线的中心，矢量定义轴线的方向。对于一个旋转轴线，轴线点和矢量定义旋转中心和旋转方向，如图 3-5 所示。

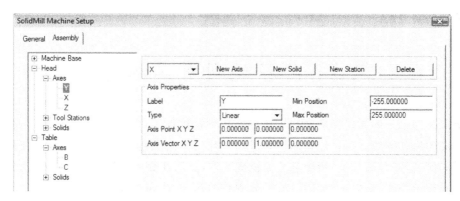

图 3-5　设置轴线

对于此机床,直线运动轴位于刀头而两个旋转轴位于工作台,轴线在轴线列表中的顺序非常重要。对于刀头,用户可以查看到刀头的第一运动轴为 Y 轴,然后是 X 轴,最后是 Z 轴。当定义一个轴时,用户可以限制该轴的移动。对于此机床,Y 轴移动为 ±255 mm,X 轴移动为 ±365 mm,Y 轴移动为 ±255 mm,Z 轴移动为 130～640 mm。

对于工作台移动,C 轴安装在 B 轴上。B 轴的角度范围为 -180°～160°,C 轴为 360°旋转,如图 3-6 所示。

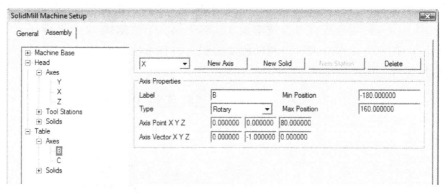

图 3-6　C、B 轴角度范围

当定义带旋转运动的机床时,用户需要在"机床设置"的"一般设定"标签页上定义旋转退刀运动,如图 3-7 所示。

图 3-7　定义旋转退刀运动

退刀位置用于控制刀具回退,允许工件旋转定位。如果回退点设置为安全高度,刀具通过指定旋转安全高度回退。安全高度以当前坐标系来测量;暂停选项控制刀具回到 X,Y 和 Z 的暂停位置;换刀选项控制刀具返回换刀位置。对于这台机床,在每个旋转轴重定位移动前,刀具将移动到换刀点。

3.3 定轴铣削加工操作

标准铣削加工中的操作在 ESPRIT 中用于定轴铣削加工,两者之间的区别在于机床设置时用户定义的旋转轴线。通过创建面铣削操作来开始本次课程,用户将了解如何使用面铣削指令以及如何利用"轮廓加工"指令创建面铣削操作,然后在简单型腔、带岛屿的型腔和开放式型腔上创建型腔操作,最后进行钻孔操作,如中心钻孔、钻孔和攻螺纹孔。

本次课程使用已有的技术文件,这些文件位于文件夹 SolidMill Production\Process。技术文件的数目与文件中的特征数目相对应。例如,把技术文件"01-SolidMill-Facing M。prc"应用于特征"01 Facing Boundary"。

3.3.1 创建面铣削操作

以"M"面开始,使用"往返式"加工模式并让 ESPRIT 计算最佳的加工角度。使用一把直径大于待加工平面的铣刀以便创建"单次"面铣削加工。刀具从距离平面 21 mm 的位置开始加工并以每次 3 mm 的深度进行单次铣削加工。对于第二个铣削操作,在链特征上应用"轮廓加工"循环操作,使用同一把铣刀并以相同的增量深度进行单次铣削加工。用同样的方法创建第三个面铣削操作,如图 3-8 所示。

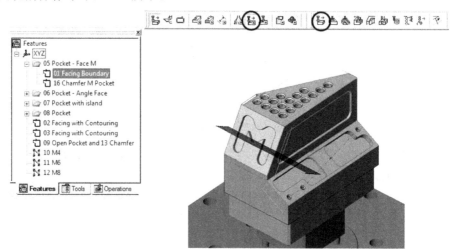

图 3-8 创建面铣削

最后通过使用"面铣削"循环加工带角度的平面。创建标准的"往返式"加工路径。

1)设置视图为"Back Pockets"。

2)在"特征管理器"中选择"05 Pocket-Face M"特征中的"01 Facing Boundary"。

3)在 Smart Toolbar 上单击"传统铣削加工"。

4)单击"面铣削"。

5）右键单击技术页面并选择"打开文件"。

6）打开文件：Process\01-SolidMil-Facing M. prc。

7）在"策略"标签页里的"一刀"设置为"是"。

8）单击"确定"。

在文件中打开轮廓加工设置，如图 3-9 所示。

1）选择特征"02 Facing with Contouring"。

2）单击"轮廓加工"。

3）打开文件：02-SolidMill-Facing with Contouring Pocket. prc。

4）单击"确定"。

5）选择特征"03 Facing with Contouring"。

6）单击"轮廓加工"。

7）打开文件：03-SolidMill-Facing with Contouring Pocket with island. prc。

8）单击"确定"。

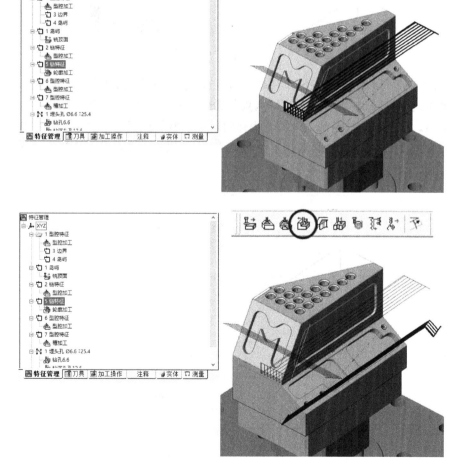

图 3-9　在文件中打开轮廓加工

打开"面铣削"设置,如图 3 - 10 所示。

1)设置视图为等角视图。

2)选择特征"04 Facing Angle Boundary"。

3)单击"面铣削"。

4)打开文件:04-SolidMill-Facing Angle. prc。

5)单击"确定"。

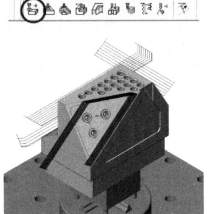

图 3 - 10   打开"面铣削"

在"项目管理器"中单击"加工操作"标签页,打开"加工操作"属性窗口,如图 3 - 11 所示。选择一个操作,在属性窗口里会显示旋转角度。ESPRIT 使用上一次或当前操作来确定操作间的最短距离。属性窗口显示到达下一个操作时可能的旋转位置。用户可以为刀具或工件选择一个适当的角度,当有多种途径到达下一步操作时,该操作非常有用,用户可以查看整个操作的循环时间。

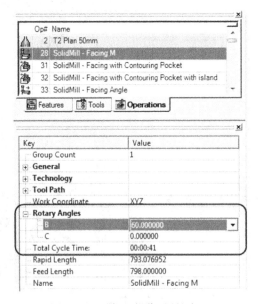

图 3 - 11   "加工操作"属性窗口

3.3.2 创建型腔加工操作

该工件有 5 个型腔需要加工,首先加工"M"型腔,如图 3-12 所示。

1)设置视图为"Back Pockets"。

2)选择特征"05 Pocket-Face M"。

3)单击"型腔加工"。

4)打开文件:05-SolidMill-Pocketing M. prc。

5)刀具运动模式设置为"同中心向内"且只创建粗加工。

6)单击"确定"。

7)设置视图为等角视图。

8)选择特征"06 Pocket-Angle Face"。

9)单击"型腔加工"。

10)打开文件:06-SolidMill-Pocketing Angle Pocket with island. prc。

11)单击"确定"。

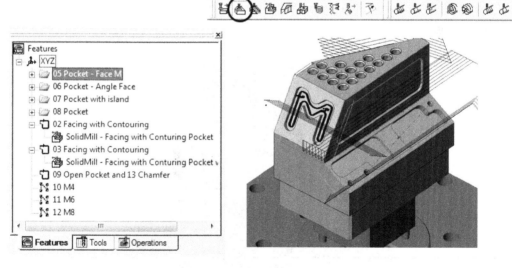

图 3-12 打开"型腔加工"

视图设置:

1)设置视图为"Back Pockets",如图 3-13 所示。

2)选择特征"07 Pocket with island"。

3)单击"型腔加工"。

4)打开文件:07-SolidMill-Pocketing Pocket with island. prc。

5)单击"确定"。

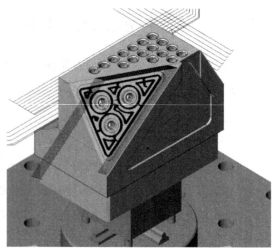

图 3 - 13　型腔加工中视图设置

特征选择：

1)选择特征"08 Pocket"，如图 3 - 14 所示。

2)单击"型腔加工"。

3)打开文件：08-SolidMill-Pocketing Pocket. prc。

4)单击"确定"。

图 3 - 14　型腔加工特征选择

选择刀具设置：

1)设置视图为等角视图，如图 3 - 15 所示。

2)选择特征"09 Open Pocket"。

3)单击"型腔加工"。

4)打开文件：09-SolidMill-Pocketing open pocket. prc。

5)单击"确定"。

在"操作管理器"中,用户可以定义两把刀具,用于型腔加工操作。

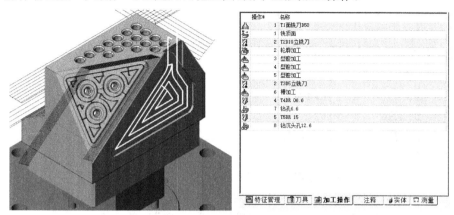

图 3-15　管理器选择刀具

3.3.3　创建钻孔操作

用户需要在三个不同平面上创建钻孔及攻螺纹加工,同时了解如何使用自定义刀具来分类加工操作,如图 3-16 所示。

1)选择特征"10 M4"。

2)在"加工"工具条上单击"工艺管理器"。

3)单击"打开文件"。

4)打开文件:10-SolidMill-M4. prc。

5)单击"应用"。

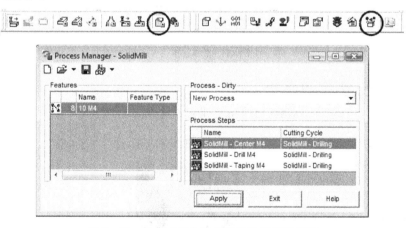

图 3-16　加工工具条中创建钻孔和螺纹加工

在文件中打开钻孔设置:

1)选择特征"11 M6"。

2)单击"打开文件",如图 3-17 所示。

3)打开文件:11-SolidMill-M6. prc。

4)单击"应用"。

5)选择特征"12 M8"。

6)单击"打开文件"。

7)打开文件：12-SolidMill-M8.prc。

8)单击"应用"。

9)单击"退出"关闭"工艺管理器"。

10)单击"加工操作"标签页。

11)用户可以看见钻孔操作以创建的顺序排列。由于都需要使用 12 mm 的钻刀，所以把中心钻孔放在第一效率最高。

12)在操作列表中右键单击并选择高级> 分类。

13)在对话框中，只取消勾选"显示可见专栏"。

14)在"分类 "栏中，设置专栏为"刀具 ID"并设置"顺序"为自定义。

15)单击"自定义分类顺序"按钮，刀具在列表中以正确的顺序排列后单击确定。

16)单击"应用"。

17)中心钻孔操作被放在一组中，单击"退出"。

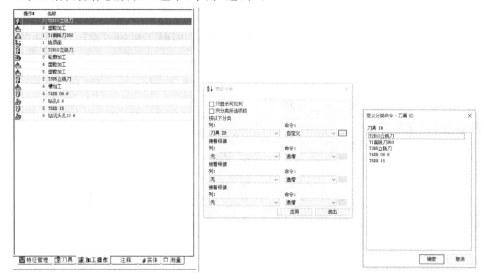

图 3 - 17   在文件中打开钻孔设置

在"仿真"工具条上单击"运行"，所得视图如图 3 - 18 所示。

图 3 - 18   仿真运行

3.4　缠绕铣削加工机床设置

4 轴缠绕铣削加工操作适用于当刀具加工时毛坯同时旋转。缠绕铣削被用于圆柱型毛坯绕特定轴旋转,如图 3 - 19 所示。在 ESPRIT 中,对于标准铣床,旋转轴平行于 x 轴（A 轴）或 y 轴（B 轴）。对于车铣机床,旋转轴就是 C 轴。为了打开旋转铣削功能,至少需设置一个旋转轴并在"机床设置"中限制其旋转角度,缠绕铣削可用于任意旋转轴,缠绕轴线通常为第二工作台轴线。开始本次课程之前,首先打开圆柱型工件文件,如图 3 - 19 所示。

1）在"标准"工具条上单击"新建"。

2）打开文件:MoriSeiki NMV5000_Wrap. esp。

该工件文件与定轴铣削加工使用相同的机床设置,该机床的工作台有两个旋转轴,C 轴被放置在 B 轴上,因此缠绕铣削操作均为 C 轴旋转。

图 3 - 19　打开圆柱型工件文件

3.5　缠绕铣削操作

使用"产品铣削加工"工具条上的指令,在旋转毛坯的外径（Outside Diameter, OD）上创建 4 轴缠绕铣削操作。

3.5.1　缠绕型腔加工

缠绕型腔与标准型腔指令类似,区别在于其刀具路径创建在圆柱型毛坯的 OD 或内径（Inner Diameter, ID）上,一个旋转型腔操作能根据 3D 特征或平面特征创建,即使使用一个平面特征,刀具仍会以 3D 显示。缠绕型腔的技术页面与标准型腔加工指令相同,但需要注意"一般"标签页上额外的旋转加工设置。用户可通过两个选项设置"半径壁面":旋转壁面和旋转刀具轴线。

1）旋转壁面:壁面的边界位于旋转轴线上,或者说壁面边界与工件中心线共线。对于所有粗加工和底面精加工,刀具将被移动以让刀具的侧面进行加工。如果勾选此选项,当在壁面上创建精加工时,可以设置刀具定位。

2)旋转刀具轴线:壁面边界相对工件中心线平行偏移,壁面由刀具的周长定义。对于所有粗加工和精加工,刀具轴线将沿着工件的中心线分布。本次课程使用 3D 链特征定义型腔边界。用户在工件的外径上创建简单的"往返式"刀具路径,使用"旋转壁面"选项以便刀具轴线根据壁面进行偏移从而使得刀具侧面在壁面上。

选择特征"1 Chain"。单击"缠绕型腔",效果如图 3 - 20 所示。在技术页内右键单击,在弹出的下拉菜单选择"系统缺省"。使用下列设置:

1)刀具 ID＝EMφ8。

2)切削速度 RPM＝3 500。

3)XY 进给 PM＝1 200。

4)Z 进给 PM＝900。

5)刀具运动模式＝Zigzag(折线型)。

6)公差＝0.001。

7)轮廓精加工＝是。

8)总深度＝0。

9)最大安全高度＝150。

10)安全高度＝5。

11)返回平面＝最大安全高度。

12)抬刀平面＝最大安全高度。

13)单击"确定"。

图 3 - 20 "缠绕型腔"效果

3.5.2 端面旋转型腔加工

旋转端面型腔加工用于在封闭表面边界内切削工件材料,端面选择型腔操作技术设置与标准型腔加工设置相同。区别在于生成的 NC 程序包含刀具的旋转运动,选择特征"1 Pocket",单击"端面旋转型腔",效果如图 3 - 21 所示。使用下列设置:

1)刀具 ID＝EMφ8。

2)切削速度 RPM＝3500。

3)XY 进给 PM＝1200。

4)Z 进给 PM＝900。

5)刀具运动模式＝同中心向外。

6)深度增量＝2。

7)最大安全高度＝150。

8)安全高度＝1。

9)返回平面＝最大安全高度。

10)抬刀平面＝最大安全高度。

11)单击"确定"。

图 3 - 21 "端面旋转型腔"效果

3.5.3　缠绕钻孔加工

缠绕钻孔加工操作和标准的钻孔操作相似，
缠绕钻孔操作也可由 PTOP 特征或孔特征创建，钻孔起始点必须创建在准确的位置上，孔创建在毛坯外径或圆柱面上，如图 3－22 所示。选择特征"1 Hole"，单击"缠绕钻孔"，效果如图 3－22 所示。使用下列设置：

1）刀具 ID＝EMϕ8。

2）加工类型＝端面。

3）总深度＝6。

单击"确定"，再次选择特征"1 Hole"，单击"缠绕钻孔"，使用下列设置：

1）刀具 ID＝DRILLϕ6。

2）加工类型＝端面。

3）总深度＝22。

4）单击"确定"。

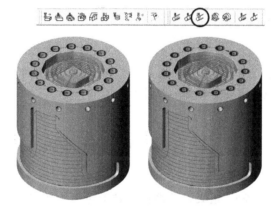

图 3－22　"缠绕钻孔"效果

仿真缠绕铣削加工，效果如图 3－23 所示。

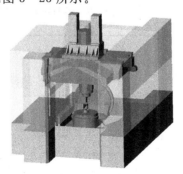

图 3－23　"仿真缠绕铣削加工"效果

第4章 2轴车削加工

 学习目标

- 创建车削加工特征
- 2轴车床机床设置
- 自动计算车削毛坯
- 创建车削加工操作
- 车削仿真

 工作任务

了解如何在单主轴单刀塔的车床上创建标准2轴车削加工操作。ESPRIT可为车削加工循环自动生成特征并创建尽可能有效的刀具路径。

4.1 车 削 特 征

标准车削加工使用"链特征"定义刀具路径。对于简单的2轴加工来说,用户只需要在工件外部和内部创建链特征。通过打开以下车削工件开始本次课程。

1)在"标准"工具条上单击"打开"。

2)打开文件:SolidTurn\Turning_Part_1.esp,如图4-1所示。

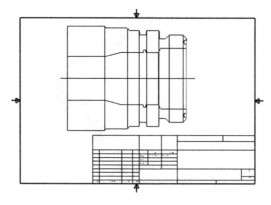

图4-1 在"标准"工具条中打开文件

打开"图层"对话框并关闭显示下列图层。

1)1 'Border (ISO)'。

2)2 'Title (ISO)'。

3)5 'Centerline (ISO)'。

激活标准图层(见图 4-2)并关闭对话框。

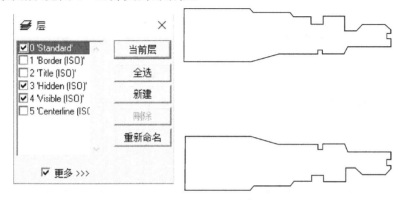

图 4-2　激活标准图层

在"特征"工具条上单击"手动创建链特征",选择起始点和终止点,如图 4-3 所示。单击"循环结束"。

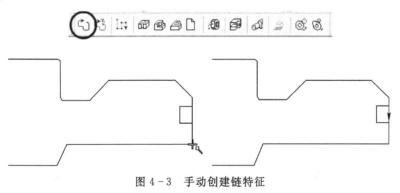

图 4-3　手动创建链特征

选择显示在外轮廓面上的几何元素(使用选择框并按住"Ctrl"键),单击"自动创建链特征",如图 4-4 所示。

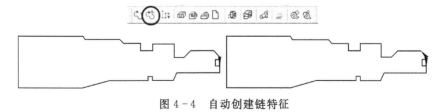

图 4-4　自动创建链特征

选择显示在内轮廓面上的几何元素,单击"自动创建链特征",自动创建多个链特征,如图 4-5 所示。单击"取消"删除新链特征,选择内槽的所有几何元素,在"属性窗口"中有 9 个元素被选择,理论上元素个数为 5 个,所以在 CAD 绘图中有重复的元素,在"编辑"菜单中单击"删除重复元素",4 个重复元素被删除,再一次选择内轮廓上的几何元素并单击"自动创建链特征"。

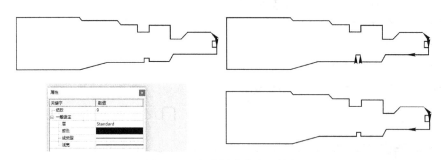

图 4-5 自动创建多个链特征

选择端面插槽特征并单击"自动创建链特征",如图 4-6 所示。

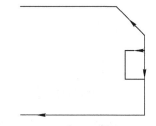

图 4-6 选择端面插槽特征

设置"选择过滤器"为"几何",选择外轮廓面上的插槽几何并单击"自动创建链特征",如图 4-7 所示。

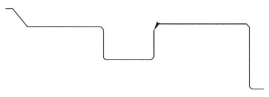

图 4-7 选择过滤器

选择内轮廓上的槽腔几何并单击"自动创建链特征",如图 4-8 所示。

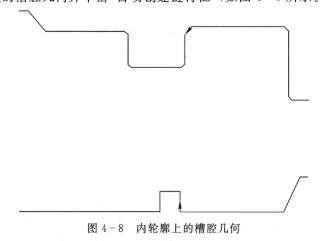

图 4-8 内轮廓上的槽腔几何

单击"自动创建链特征",使用"捕捉"模式选择起始点,如图 4-9 所示。选择显示线段,选择终止点（线段中点），如图 4-10 所示。单击"循环结束"。

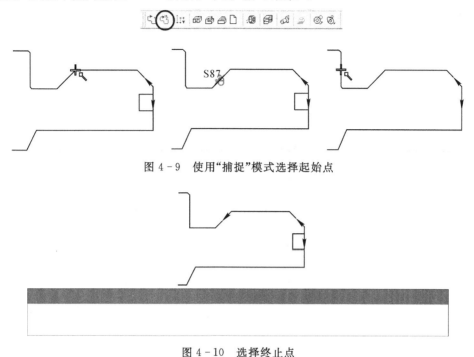

图 4-9　使用"捕捉"模式选择起始点

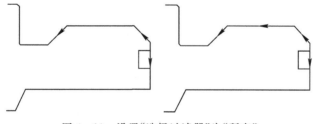

图 4-10　选择终止点

选择显示线段并单击"自动创建链特征"，设置"选择过滤器"为"所有"，如图 4-11 所示。

图 4-11　设置"选择过滤器"为"所有"

4.2　车床机床设置

车床机床设置可以让用户配置带多个刀塔、主轴或尾座的车床,用户可以定义独立的 X,Y 和 Z 直线运动或 A,B,C 的旋转运动。对于标准车床,只需定义一个刀塔和一个主轴。同样可以定义车床机床设置的初始毛坯,初始毛坯类型可为棒料毛坯、管状毛坯或铸造毛坯,当进行仿真操作时,可使用机床设置毛坯而不利用"仿真参数"创建毛坯。在"加工"工具条上单击"机床设置",如图 4-12 所示。

在毛坯显示状态下,用户可以查看,该管状毛坯外径为 120 mm,内径为 35 mm,长度为 142 mm。Z 方向起始位置为 2,即起始点位于工件端面外部 2 mm 处。在"装配"标签页上,可以发现只有一个主轴和一个刀塔,并且需要定义刀塔上的刀位数目,该机床带 12 个刀位。

"NC 输出"标签页让用户可以定义车削加工操作以怎样的 NC 程序形式输出,并定义主轴和刀塔之间的关系。对于 2 轴机床来说,主轴和刀塔之间的关系相对简单。

图 4-12 "机床设置"界面

4.3　车削刀具

对于大多数的车削加工操作,用户需要定义相应的刀具。下列车削加工不需要定义刀具:进料、拾取、释放、夹持和尾座。尽管"进料"操作不需要刀具,但用户可以指定一把刀具用于毛坯停止,如果之前创建过"切断"操作,切断刀具通常可用于"进料"操作。通过定义刀片、刀柄和刀具在机床中的位置,可定义一把车削刀具。用户根据预先定义好的刀具创建一把新刀或创建自定义刀具,如图 4-13 所示。在使用车刀和铣刀时,"刀具管理器"看上去是相同的,因此可以以创建铣刀的方式创建车刀:从预定义刀具列表中创建一把新刀具,创建一个自定义刀具,从数据库中载入刀具或打开刀具库文件,如图 4-14 所示。关于"车刀"的详细信息,可参考 ESPRIT 帮助文件。

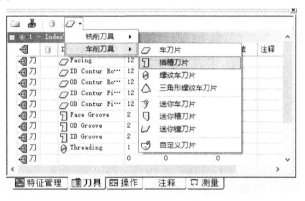

图 4-13　创建一把新刀或创建自定义刀具

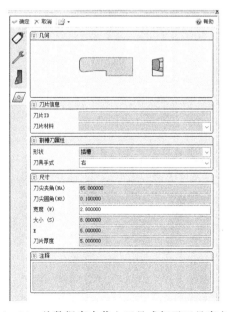

图 4-14　从数据库中载入刀具或打开刀具库文件

4.4　车削毛坯自动化

ESPRIT 可更新加工任意时刻的毛坯状态,创建完车削加工后,ESPRIT 自动显示当前毛坯状态,用户依靠系统来计算车削毛坯状态。对于每一个车削操作,ESPRIT 计算剩余毛坯并只生成剩余材料区域的刀具路径,这样的好处是能够以较少的特征来完成车削加工。按"Ctrl＋M"键显示"屏蔽"对话框,如图 4 - 15 所示。单击"细节信息"标签页并勾选"车床毛坯",关闭对话框,显示"车床毛坯",如图 4 - 16 所示。用户可以查看在"机床设置"中定义的管状毛坯设置。

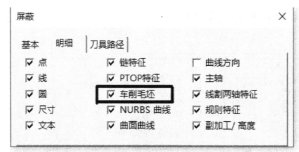

图 4 - 15　"屏蔽"对话框

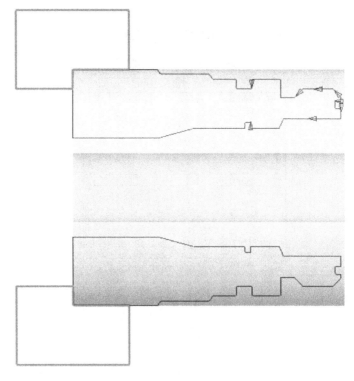

图 4 - 16　显示"车床毛坯"

4.5　车削加工操作

用户应了解如何创建 2 轴车削加工操作，为了加工此工件，用户应明确以下加工流程：

1）前端面加工。

2）外圆（Outside Diameter，OD）粗加工。

3）内圆（Inner Diameter，ID）粗加工。

4）螺纹槽粗加工。

5）端面插槽，外圆插槽和内圆插槽加工。

6）外圆轮廓精加工和螺纹插槽加工。

7）内圆轮廓精加工。

8）外圆螺纹加工。

在 ESPRIT 中，为了协调标准铣削加工和车削加工，标有"X"的全局坐标轴为主轴轴线（Z 轴）。标有"Y"的全局坐标轴为 X 轴。标有"Z"的全局坐标轴为 Y 轴。

4.5.1　端面

端面加工操作由"粗加工"指令创建。

（1）工作类型

工作类型定义车削加工位置：外圆、内圆和端面。当工作类型设置为外圆或内圆时，加工方向与 Z 轴平行。当加工类型设置为端面时，加工方向与 X 轴平行。

（2）毛坯自动化

粗加工操作需用户定义毛坯类型：直径、补偿值、铸件和自动化。当毛坯类型为"自动化"时，系统自动以"机床设置"或"仿真参数"中定义的毛坯计算。当创建任意车削操作后，系统保留加工后的毛坯剩余状态用于下一步的车削操作需要。

（3）从上一个位置进刀

为了改进车削刀具路径，ESPRIT 可让用户从上一步刀具位置创建进刀运动，而不是从换刀位置创建进刀运动。例如，如果在两个操作中使用同一把刀具，可以将刀具从第一个操作的最终位置移动至第二个操作的初始位置。只有当操作使用不同刀具时，才需要将刀具移动至刀具换刀位置。

（4）特征延伸

"常规"标签页中的"特征延伸"选项将自动延伸所选轮廓特征的起始位置和终止位置，以便加工可以从特征外部开始，并从特征外部终止。特征本身并没有被修改，仅仅用于参考计算刀具路径。操作如下：

1）选择端面链特征。

2）在 Smart Toolbar，单击"车削加工"并选择"粗加工"。

3）打开文件：SolidTurn\Process\01-SolidTurn Facing，如图 4-17 所示。

4)鼠标左键单击"策略"标签页。

5)将加工类型设置为"端面"。

6)在需要换刀的情况下,"进刀模式"设置为"先 Z 后 X"。

7)两个特征延伸均设置为 50 mm 以便整个端面可以被加工。

8)鼠标左键单击"粗加工"标签页。

9)将材料"类型"设置为"自动"。

10)单击"确定"。

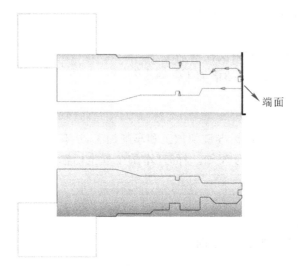

图 4-17　粗加工"端面"设置

4.5.2　粗加工

粗加工循环适用于毛坯类型为"直径""补偿值"或"铸件"的"内圆""外圆"和"端面"加工。单个粗加工操作包括定义毛坯和参考轮廓之间的粗加工,沿着轮廓进行最后精加工。加工可以设置为包括或排除倒勾区域。

(1)可变深度

"粗加工"标签页中的"深度撤回百分比"可以让用户控制加工深度计算。对于该操作,选择"偶数步距"选项,系统将根据轮廓中型腔的深度来检测每一层加工。对于每一层加工来说,ESPRIT 应用一个不变加工深度,该深度小于最大深度。其中,最大深度为 3 mm。

(2)倒勾模式

"高级"标签页的"倒勾模式"用于控制是否在倒勾区域创建刀具路径。选项包括"否""下方""前方"和"是"。"否"选项——刀具忽略倒勾区域进行加工。"是"选项——刀具加工所有倒勾区域,并根据所选刀具形状,加工尽可能多的倒勾区域。"下方"选项——只在倒勾区域位于刀具下方有效。"前方"选项——只在倒勾区域位于刀具前方有效。倒勾加工适用于任何一种刀具。其操作步骤如下:

1)选择外圆链特征。

2)单击"粗加工"。

3)打开文件:02-SolidTurn Rough OD,如图 4 - 18 所示。

4)此操作不需要"特征延伸",为了不加工这两个槽,将"倒勾模式"设置为"否"。

5)单击"确定"。

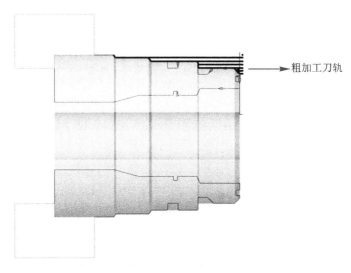

图 4 - 18　插槽粗加工

内圆粗加工设置:

1)选择内圆链特征。

2)单击"粗加工"。

3)打开文件:03-SolidTurn Rough ID,如图 4 - 19 所示。

4)单击"确定"。

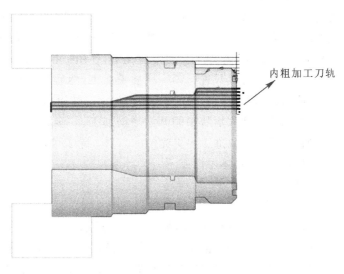

图 4 - 19　内圆粗加工

粗加工槽内部设置:

1)选择螺纹插槽链特征。

2)单击"粗加工"。

3)打开文件:04-SolidTurn Thread Groove,如图 4－20 所示。

5)为了加工槽内部,将"倒勾模式"设置为"是"。

6)单击"确定"。

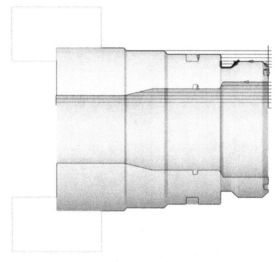

图 4－20　粗加工槽内部

4.5.3　插槽加工

插槽加工包括粗加工、精加工或粗精加工等,加工类型相互独立,对于插槽粗加工来说,为了节省加工时间、提高精加工表面质量或延长刀具使用寿命,ESPRIT 可提供多种粗加工选择。"插槽形式"通过预定义的插槽类型来优化插槽加工。"多刀插槽"可在加工过程中保持一个均衡的切削压应力。在"多刀插槽"中,可选择整个刀具进行一半行程的插槽加工,另一半行程的插槽加工由刀具前部和刀具后部加工。通常情况下,使用一把刀具分别进行上述两个插槽运动。对于"单刀插槽",整个刀具只进行第一次插槽加工,然后当刀具在槽腔内移动时,利用刀具边进行加工。"插槽方向"可让用户控制插槽粗加工的初始插槽方向。有三个选项:"向前""反向"和"中心"。"中心"选项表示从中间开始插槽加工。"步距模式"中的"智能"选项用于动态调整多步插槽加工,这样可以加工出更光洁的表面。除了可以加工更高质量的表面外,也可以更有效地延长刀具寿命。具体操作如下:

1)选择端面插槽链特征。

2)单击"插槽"。

3)打开文件:05-SolidTurn Groove Face,如图 4－21 所示。

4)在插槽加工中设置"多刀插槽",使用"连续插槽"模式并选择"动态调整步距"。

5)同样创建一个精加工操作。其中"精加工模式"设置为"每边",这样将创建在每一边至槽腔中部创建一个精加工刀路。

6)单击"确定"。

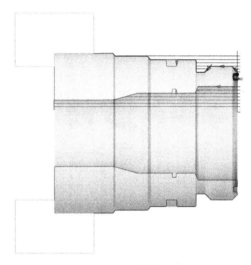

图 4-21　插槽精加工

外圆插槽设置：

1）选择外圆插槽链特征。

2）单击"插槽"。

3）打开文件：06-SolidTurn Groove OD，如图 4-22 所示。

4）单击"确定"。

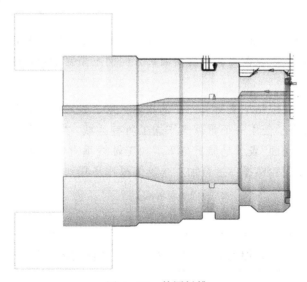

图 4-22　外圆插槽

内圆插槽设置：

1）选择内圆插槽链特征。

2）单击"插槽"。

3）打开文件：07-SolidTurn Groove ID，如图 4 - 23 所示。

4）单击"确定"。

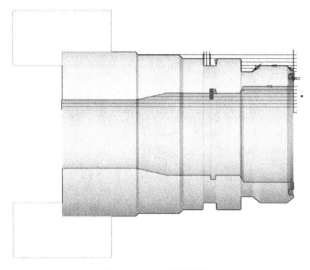

图 4 - 23　内圆插槽

4.5.4　轮廓精加工

车铣轮廓加工非常容易，选择需要加工的链特征、加工刀具、加工类型（内圆，外圆或端面）以及加工方向，输入毛坯余量并选择是否使用刀具的下部或前部加工倒勾区域。

（1）加工方向

"轮廓"标签页上的"加工方向"可让用户选择最佳的加工方向以节省加工时间。刀具加工方向以特征方向为基础。该设置可轻松改变刀具方向而不需要翻转特征方向。

（2）加工区域

"加工区域"设置可以限制加工所选特征的指定区域。选项有"全部""直径""端面"和"两者皆可"。"全部"选项表示使用一个轮廓操作加工所有区域。"直径"选项表示只加工与车削加工轴线平行的区域，"端面"表示只加工与车削加工轴线垂直的区域。"两者皆可"表示对于直径和端面区域分别使用轮廓操作进行加工。具体操作步骤如下：

1）选择外圆链特征。

2）单击"轮廓加工"。

3）打开文件：08-SolidTurn Contour OD. prc，如图 4 - 24 所示。

4）在"轮廓加工"标签页，"加工区域"设置为"全部"，"倒勾模式"设置为"否"。刀具将以特征方向进行加工。

5）单击"确定"。

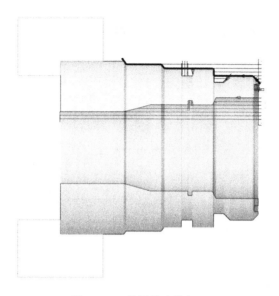

图 4 - 24　外圆轮廓精加工

1)选择螺纹插槽链特征。

2)单击"轮廓加工"。

3)打开文件:09-SolidTurn Contour Thread Groove. prc,如图 4 - 25 所示。

4)设置"倒勾模式"为"是"。

5)单击"确定"。

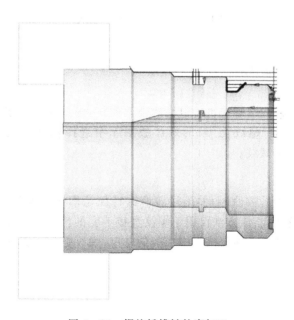

图 4 - 25　螺纹插槽链轮廓加工

螺纹插槽"倒勾模式"设置：

1）选择内圆链特征。

2）单击"轮廓加工"。

3）打开文件：10-SolidTurn Contour ID. prc，如图 4-26 所示。

4）设置"倒勾模式"为"否"。

5）单击确定。

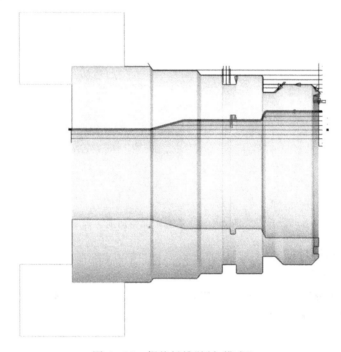

图 4-26　螺纹插槽"倒勾模式"

4.5.5　螺纹加工

"螺纹加工"可以创建内圆螺纹也可以创建外圆螺纹，该循环操作同样可用于在工件表面加工螺旋线。用户可以在"螺纹加工"的螺纹数据库中选择标准螺纹（UN，UNR，UNC，M Profile，UNF…）或自定义螺纹。

（1）螺纹数据库

当使用螺纹数据库中的数值时，并不沿着所选特征轮廓进行操作，特征信息用于定义 Z 方向的螺纹起点和螺纹终点，该方法仅用于螺纹直径不变的情况。螺纹数据库中保存有可用于螺纹加工的标准螺纹信息。在数据库中选择信息后，螺纹数据被直接导入至螺纹加工技术页面中。具体操作步骤如下：

1）选择螺纹上的链特征。

2）单击"螺纹加工"。

3）打开文件：11-SolidTurn Threading. prc，如图 4-27 所示。

4）在"螺纹"标签页，单击数据库按钮，发现"M Fine"的螺纹表格已被使用，该螺纹大径为

100 mm,因此选用 M100×2 的螺纹。

　　5)单击"取消"关闭数据库并返回技术页面。

　　6)单击"确定"。

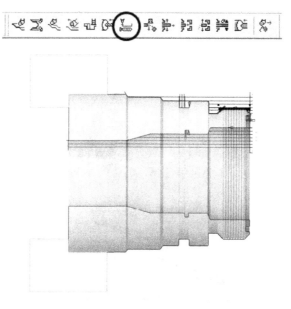

图 4 - 27　螺纹加工

4.6　仿　　真

　　车削加工仿真毛坯使用在"机床设置"中定义的毛坯配置。"仿真参数"对话框中的选项可以让用户选择使用机床设置中的毛坯或在"实体"标签页中定义的毛坯。

4.6.1　螺纹加工仿真

　　"螺纹加工"操作能以"全螺纹"形式进行仿真。"仿真参数"对话框中的"螺纹仿真设置"可以控制螺纹操作的仿真。虽然可以进行"全螺纹"仿真,但这样会延长计算机的处理时间。为了节省时间,对于一个螺纹加工,也可以只仿真螺纹轮廓加工("线段"选项)或仿真圆柱螺纹("圆柱"选项),或只仿真最后一次螺纹加工("仅最后螺纹"选项)。当仿真全螺纹时,螺纹方向取决于主轴方向(左旋或右旋)。

4.6.2　选择视图

　　高级仿真工具条中的指令可以让用户以部分工件的形式查看车削加工仿真操作。这些指令对于查看毛坯内部的车削加工非常有用,用户可以以 3/4 工件或 1/2 工件的形式查看仿真。具体操作步骤如下:

1）在"仿真"工具条上单击"仿真参数"。

2）该仿真为实时仿真，并显示用于每一个车削加工操作的精确时间。"螺纹仿真"设置为"仅最后螺纹"并且勾选"仿真车削毛坯"，这样可以用"机床设置"中创建的管状毛坯进行仿真，如图 4 - 28 所示。

3）单击"确定"，关闭对话框。

4）按"Ctrl＋M"并关闭车削加工毛坯。

5）单击"运行"。

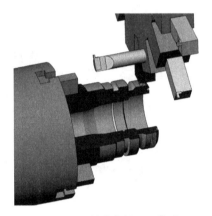

图 4 - 28　创建管状毛坯仿真

第5章 多轴车削加工

 学习目标

- 多轴车床机床设置
- 车削加工 Add-in 插件
- 主轴控制

 工作任务

了解如何在多轴多刀塔的车床上使用同步加工操作。

了解如何在主轴和副主轴之间传递工件。

5.1 多轴车床的机床设置

本次课程将让用户了解如何在一台具有两个上刀塔,一个下刀塔和两个主轴的车床上编程。

在"标准"工具条上单击"打开",打开文件:SolidTurn\MoriSeiki_NZ-T3Y3,显示零件三维模型,如图 5-1 所示。

图 5-1 零件三维模型

1)加工操作已经存在于文件中,了解如何在双主轴上同步这些操作。

2)当用户在多轴环境下创建特征时,所创建的上部特征和下部特征分别对应于上、下刀塔,"仿真加工"界面如图 5-2 所示。

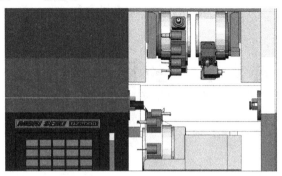

图 5-2 "仿真加工"界面

机床参数设置如下:

1)在"加工"工具条上单击"机床设置","机床参数设置"界面如图 5-3 所示。

2)单击"装配"标签页。

3)每一个刀塔的轴线运动顺序均为先 Z,然后为 X,最后为 Y,每一个轴线运动均有行程限制。

4)在此轴上允许 B 轴运动。

5)单击"NC 输出"标签页。

6)观察"刀塔与主轴关系"选项,可以发现左上刀塔不能被副主轴使用,右上刀塔不能被主轴使用,下刀塔被主轴和副主轴同时使用。这些关系设置将控制车削加工技术页面的主轴和刀塔选择。如果在副主轴上创建操作,用户将不能选择左上刀塔。

7)关闭"机床设置"。

图 5-3 "机床参数设置"界面

5.2 车削加工插件

Add-in 插件只有在多轴车削加工时有效,对于 Turning Work Coordinate Add-in 插件,该 add-in 插件与副主轴工作平面有关且原点设置在端面上。对于车铣加工,将自动创建倾斜工作坐标系(G68.1)。在此 add-in 插件载入后,"Turning Work Coordinate"指令被添加至"绘制"菜单。

对于 AutoSub Stock Add-in 插件,该 add-in 插件可以让用户创建副主轴毛坯,在该 add-in 插件载入后,在"仿真参数"对话框中的"实体"标签页将添加一个"Auto Stock"选项。用户可以在主轴和副主轴上定义独立毛坯。其具体操作步骤如下:

1)在"工具"菜单上单击"Add-in 插件"。

2)选择"AutoSub Stock"并选择"载入/卸载"和"启动时加载"。

3)选择"Turning Work Coordinate"并选择"载入/卸载"和"启动时加载"。

4)"外接程序管理器"界面如图 5 - 4 所示,单击确定。

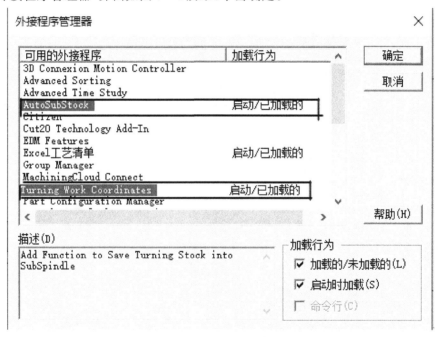

图 5 - 4 "外接程序管理器"界面

5.3 车削加工工作坐标系

车削加工需要工作坐标系,当车床具有双主轴时,用户可以设置 G54 在主轴上,设置 G55 在副主轴上。在副主轴上加工或使用进料循环时,该设置可以偏移原点位置。工作坐标系对于创建特征非常重要,当一个特征被创建时,ESPRIT 将自动分配一个工作坐标系。所有的坐标系都在"项目管理器"中的"特征"标签页中显示和管理。在这个文件中,工作坐标系和特征已经创建完毕,需要查看"车削工作坐标系"对话框。具体操作步骤如下:

1)在"创建"菜单中单击"车削加工坐标系"。

2)该对话框为了设置 G54 和 G55 坐标系,因此主轴方向与机床设置中的主轴方向一致。当创建这些坐标系后,工作平面也被相应创建。如图 5-5(a)所示。

3)关闭对话框。在"视图"菜单上勾选"UVW"轴线。

4)显示 G54 工作平面,显示 G55 工作平面。如图 5-5(c)所示。

5)在"特征管理器"中右键单击 G54 和 G55 并选择"查看属性"。

6)关闭对话框,如图 5-5(b)所示。

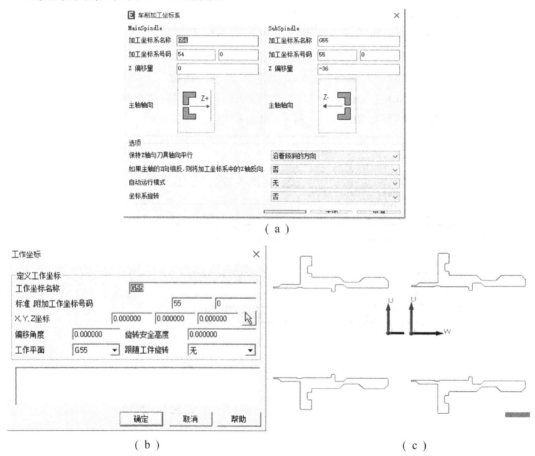

（a）

（b）　　　　　　　　　　（c）

图 5-5　工作坐标系创建过程

（a）创建"车削加工坐标系"参数界面;（b）"工作坐标"系数对话框;（c）显示"工作坐标"界面

在"特征管理器"中,用于主轴上的加工特征均被创建在 G54 工作坐标系内,特征及其所属坐标系管理界面如图 5-6 所示。用于副主轴上的加工特征均被创建在 G55 工作坐标系内。双击坐标系可以激活坐标系为当前坐标系,此后创建的所有特征均在该坐标系内。特征可以从一个坐标系拖曳至其他坐标系,用户同样可以右键单击某一个特征并选择"与激活坐标系相关"。

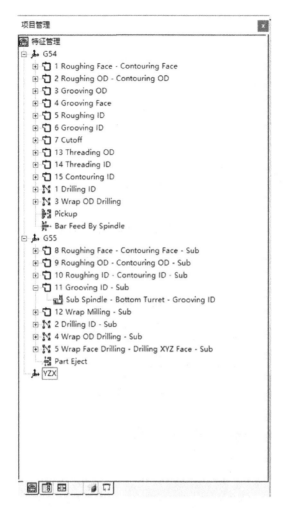

图 5-6　特征及其所属坐标系管理界面

5.4　主　轴　控　制

ESPRIT 车削加工指令可以让用户控制主轴运动,例如工件传递、棒料进给以及同步加工等。当创建同步车削加工时,用户可以选择将哪一个操作用于控制主轴转速。主轴的优先级可以在技术页面或"操作管理器"中设置。

5.5　同　步　车　削　加　工

车削操作可在"操作管理器"中实现同步,同样可以设置同步操作的优先级。用户可以使用 Sync 指令或上下拖曳来实现同步操作,当在"机床设置"的"NC 输出"标签页上定义 Sync 程序后,可以使用"Sync 程序"下拉框来选择同步 ID。多刀塔多轴加工管理界面如图 5-7

所示。

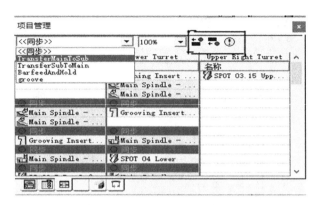

图 5-7　多刀塔多轴加工管理界面

在本次课程中,已经创建完车削加工的相关操作,用户可以在多刀塔多轴加工管理操作界面了解如何同步这些操作,如图 5-8 所示。

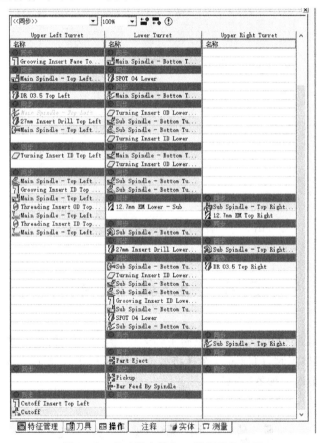

图 5-8　多刀塔多轴加工管理操作界面

首先,用户需要同步主轴上的粗加工、轮廓加工、插槽和钻孔加工,这些操作需使用上刀塔和下刀塔。然后,需要在副主轴上协调车削加工操作,以使完成后的工件能够被传递到副主轴上。多刀塔多轴加工管理协调界面如图 5-9 所示。

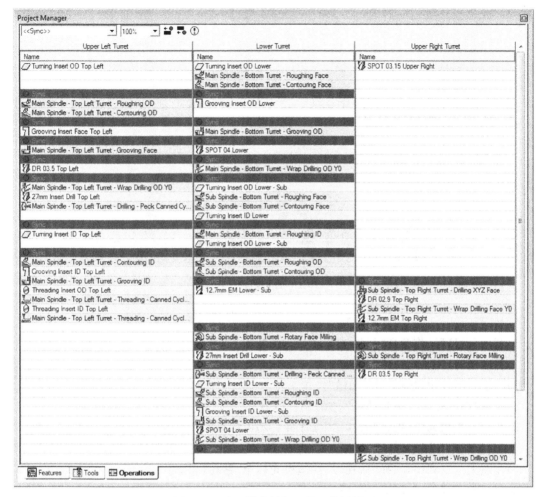

图 5-9 多刀塔多轴加工管理协调界面

用户可以使用两种方式来完成同步操作:"操作管理器"中的同步指令和使用鼠标上下拖曳。为了使用同步指令,选择需要同步的每一个刀具或操作并选择"在操作上方创建同步"或"在操作下方创建同步"。用户可以在每一个刀塔上选择一个同步项目。为了使用鼠标上下拖曳,首先需选择一个刀具或操作,向上或向下拖曳所选项目。然后通过一个 Sync 指令将所选项目添加至高亮位置。使用鼠标拖曳方式,一次只能为两个操作添加同步指令。为了同步第三个操作,需选择一个同步指令并拖曳鼠标至另一个操作并高亮显示操作的上方或下方位置。为了删除一个同步指令,需在列表中选择该指令并按删除键。整个同步指令都会被删除,但不能删除单个同步指令。

通过同步操作,用户在完成 OD 的粗加工和精加工操作后,进行面铣削加工。具体步骤如下:

1)在左上刀塔列中,选择第一把刀具。

2)在下刀塔列中,选择"轮廓面加工"操作。

3)单击"在操作下方创建同步",如图 5-10 所示。

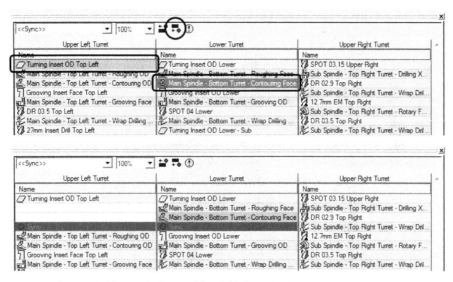

图 5 - 10　创建同步加工操作

(1)槽加工

1)利用"插槽"操作分离"粗加工"操作和"轮廓加工"操作。

2)在左上刀塔列中,选择割刀。

3)在下刀塔列中,选择"OD 插槽"操作。

4)单击"在操作上方创建同步",如图 5 - 11 所示。

5)在左上刀塔列中,选择"面插槽"操作并移动鼠标至操作上方。

6)在"OD 插槽"操作底部拖拽鼠标并左键释放,如图 5 - 12 所示。

7)在左上刀塔列中,选择"钻孔刀"并拖曳光标至"钻孔"底部。

8)鼠标左键释放,如图 5 - 13 所示。

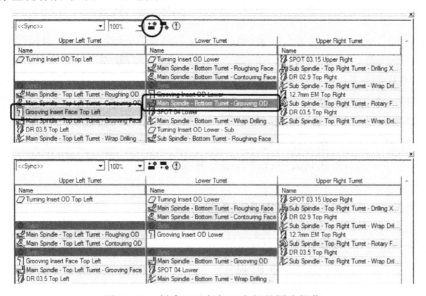

图 5 - 11　创建刀具与加工之间的同步操作

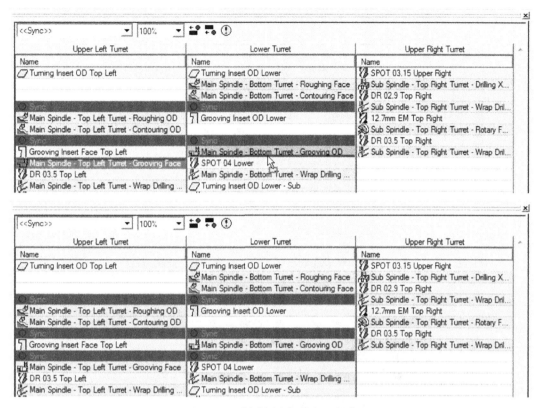

图 5 - 12　创建同步插槽加工操作

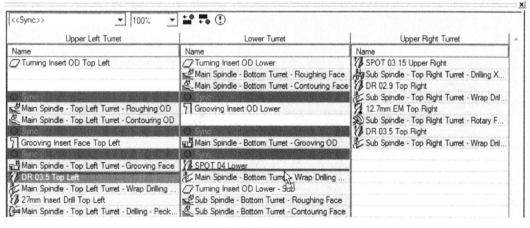

图 5 - 13　创建同步钻孔加工操作

在左上刀塔上的"缠绕钻孔加工"上方和下刀塔上的"缠绕钻孔加工"下方创建一个同步指令。在左上刀塔的车刀上部和下刀塔的车刀下部创建一个同步指令,如图 5 - 14 所示。

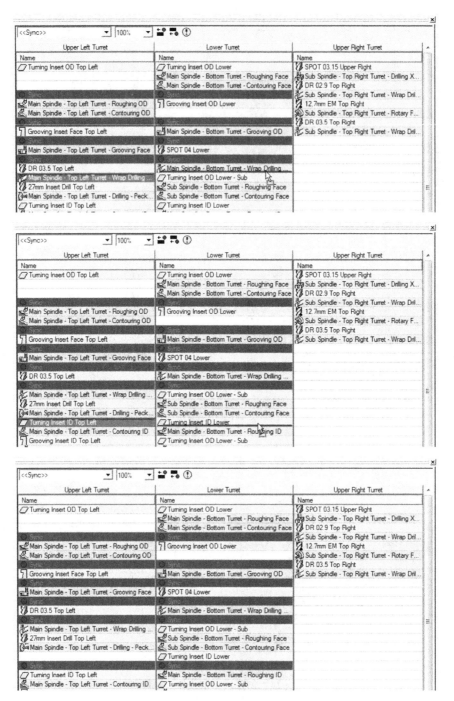

图 5-14　创建同步缠绕钻孔加工操作

（2）同步内轮廓加工

在左上刀塔的"轮廓 ID 加工"操作上部和刀具"Turning Insert OD Lower"底部创建一个同步指令，如图 5-15 所示。

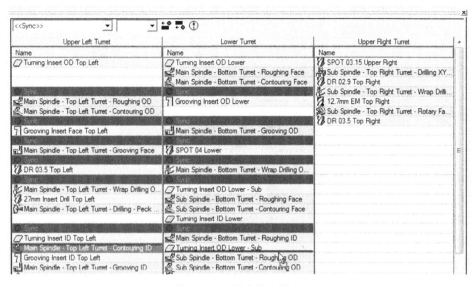

图 5 - 15　创建同步指令

(3)副主轴同步钻孔加工

1)选择下刀塔的副主轴 OD 轮廓加工操作。

2)选择右上刀塔上的刀具" SPOT 03.15"。

3)单击"在操作下方创建同步",如图 5 - 16 所示。

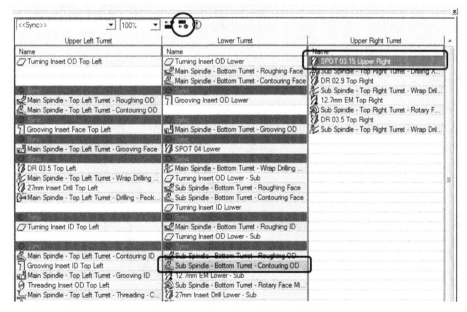

图 5 - 16　创建同步钻孔加工操作

(4)旋转端面铣削加工

1)创建一个同步指令,将下刀塔的旋转端面铣削加工设置在右上刀塔的钻孔操作之后,如图 5 - 17(a)所示。

2)创建另一个同步指令,将下刀塔的旋转端面铣削加工设置在右上刀塔的旋转端面铣削加工之前,如图 5-17(b)所示。

3)创建另一个同步指令,将下刀塔的钻孔加工设置在右上刀塔的旋转端面铣削加工之后,如图 5-17(c)所示。

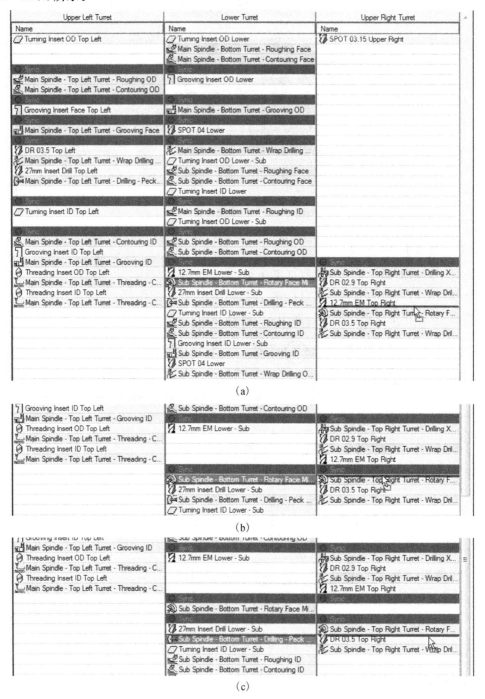

(a)

(b)

(c)

图 5-17　创建同步加工指令

（5）同步缠绕钻孔加工

在下刀塔的最后一步操作和右上刀塔的最后一步操作之间增加一个同步指令，如图 5 - 18 所示。

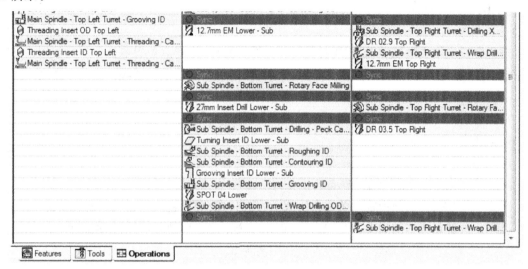

图 5 - 18　在两步操作之间增加一个同步指令

5.6　工件传递

在"车削加工"工具条上，有三个指令用于在车床上移动毛坯：拾取、释放和进料。

5.6.1　拾取

该指令命令某一个主轴拾取工件，拾取点定义卡盘拾取工件的位置，该点可位于主轴面上而不位于卡盘前端面。该拾取点在创建完"拾取"操作后也可由"属性窗口"进行修改。

在以下情况下使用"拾取"指令：

1）当手动载入工件时进行工件传递。

2）拾取工件进行其他加工或仿真。

5.6.2　释放

该指令命令主轴释放工件。在释放之前，工件必须在主轴上，确保选择点便于加工仿真和查看加工完毕的工件。当其他轴夹紧工件时，对释放点没有影响。

在以下情况下使用"释放"指令：

1）手动释放工件。

2）工件拾取设备指令。

3)在工件传递后释放工件。

4)结束工件夹紧和仿真。

5.6.3 进料

该指令在主轴之间移动工件,工件位于同一个主轴内,进料点位置取决于进料类型。如果使用拾取器,进料点位于抓取器上。如果没有抓取器,进料点位于棒料轴上。如果在进料之前有"拾取"操作,需确保"进料"操作和"拾取"操作使用同一参考点。

在以下情况下使用"进料"指令:

1)毛坯进料在主轴上。

2)毛坯进料至其他位置。

3)在纵切机床上重新卡盘。

当在一个"进料"操作中输入重定位距离后,几何将沿着棒料进行移动。通过该指令,用户可以在原始位置创建车削加工路径,当需要创建一个重定位移动时,重定位距离和棒料长度必须一致,对于常规的棒料移动,可设置重定位距离为 0。

5.6.4 工件传递编程

当副主轴上的所有操作完成后,用户需在副主轴上进行编程并释放已加工完的工件,然后使用副主轴拾取待加工的工件并拉动棒料,并使用"切断"操作来割断棒料,以使工件移动至副主轴默认初始位置,如图 5-19 所示。

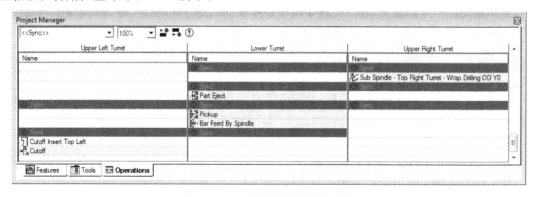

图 5-19 工件传递操作调整示范

(1)在抓取器上编制释放程序

在"图层"对话框,激活"传递图层",按 F6 使几何元素最适合窗口,在"特征管理器"中激活 G55 坐标系,在"车削加工"工具条上单击"释放"。设置如下参数(见图 5-20):

1)操作名称=车削加工-释放。

2)加工主轴名称=Sub Spindle(副主轴)。

3)刀塔名称=Lower Turret(下刀塔)。

4)通道 ID＝通道-1。

5)转速及进给率＝(默认值)。

6)主轴同步＝转速及方向。

7)位置 X,Y,Z＝单击选择箭头按钮并选择右边视图窗口的点。

8)暂停时间＝0.1。

9)单击"确定"。

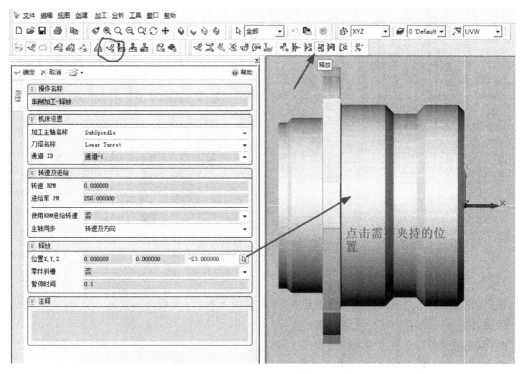

图 5-20　在抓取器上编制释放程序

(2)副主轴拾取编程

在"特征管理器"中激活 G54 坐标系,在"车削加工"工具条上单击"拾取",设置如下参数(见图 5-21):

1)操作名称＝车削加工-抓取。

2)加工主轴名称＝Sub Spindle(副主轴)。

3)刀塔名称＝Lower Turret(下刀塔)。

4)通道 ID＝通道-1。

5)转速及进给率＝(默认值)。

6)主轴同步＝C 轴相位。

7)安全高度＝30。

8)定位 X ,Y ,Z＝单击选择箭头按钮并选择零件端面上的点。

9)单击"确定"。

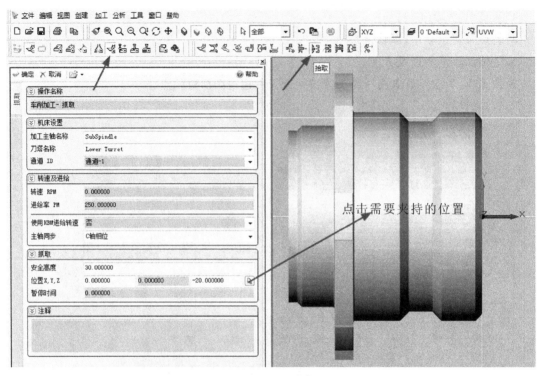

图 5-21 副主轴拾取编程

(3)副主轴进料编程

在"车削加工"工具条上单击"自动进料",设置如下参数(见图 5-22):

1)操作名称＝车削加工-自动进料。

2)棒料进给类型＝通过主轴。

3)加工主轴名称＝Min Spindle(主轴)。

4)自动进料主轴名称＝Min Spindle(主轴)。

5)刀塔名称＝Lower Turret(下刀塔)。

6)通道 ID＝通道-1。

7)转速及进给率＝(默认值)。

8)参考直径＝55。

单击"自动进料"标签页,设置如下参数:

1)定位 X ,Y ,Z＝单击选择箭头按钮并选择在拾取操作所选择的点。

2)进料长度＝41。

3)重定位位置＝41。

4)单击"确定"。

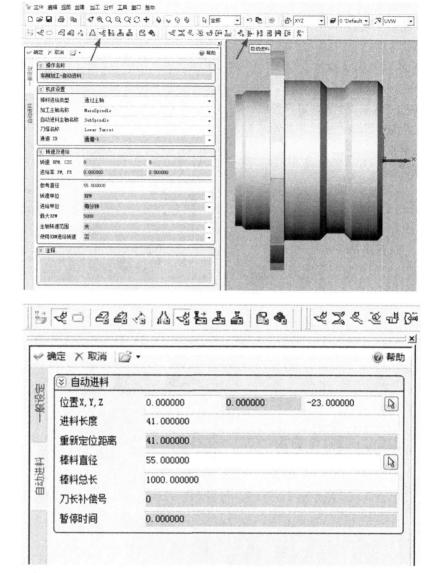

图 5－22　自动进料参数设置

（4）切断编程

在"特征管理器"中选择特征"7 Cutoff" under G54，在"车削"工具条上单击"割断"操作，设置如下参数（见图 5－23）：

1）操作名称＝车削加工-切断。

2）刀具＝Cutoff Insert Top Left。

3）加工主轴名称＝Min Spindle（主轴）。

4）通道 ID＝通道-1。

5）转速及进给率＝（按参考值）。

6）参考直径＝55。

单击"加工策略"标签页，设置如下参数：

1）粗加工路径＝是。

2）精加工路径＝否。

3）进入模式＝仅 X。

4）进刀点 Z，X＝0，110。

5）退刀模式＝无。

单击"粗加工"标签页，设置如下参数：

1）粗加工余量＝1。

2）粗加工至直径＝－1。

单击"确定"。

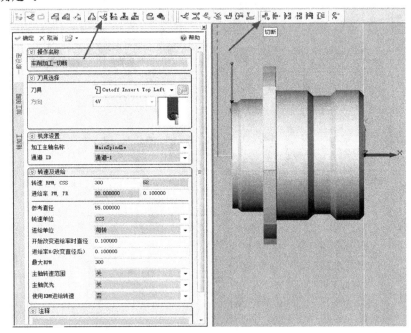

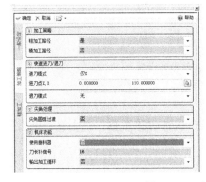

图 5-23 切断参数设置

（5）同步工件传递操作

在右上刀塔的最后一步操作和"Eject"操作之间创建一个同步指令。选择左上刀塔的最后一步"螺纹加工"操作，下刀塔的"Eject"操作以及右上刀塔的最后一个同步指令，单击"操作后面添加同步指令"。在"割刀"和"棒料"操作之间创建一个同步指令，如图 5-24 所示。

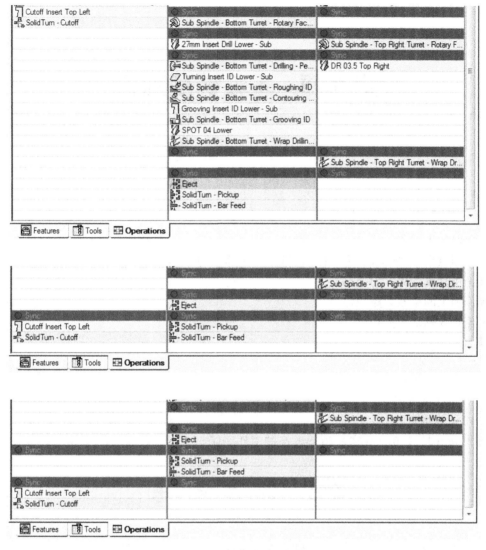

图 5 - 24　工件传递同步操作设置

（6）显示操作加工时间

在"操作管理器"中右键单击并选择"时间"，对话框将图形化单独操作和所有操作的加工时间。当用户在图形上移动鼠标时，刀具、操作和 Sync 同步信息将显示出来，如图 5 - 25 所示。

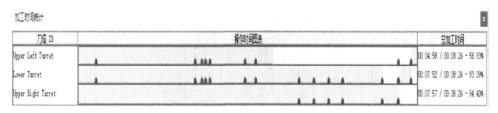

图 5 - 25　加工时间统计对话框

第6章 5轴铣削加工

 学习目标

- 曲面加工工艺
- 使用检查面、加工面、毛坯曲面创建 3 轴的粗加工操作
- 把仿真模型保存为外部文件
- 面加工的单条刀路操作
- 创建 5 轴加工操作

 所需工具

- MoriSeikiNMV5000DCG
- 16 mm 端铣刀
- 12 mm 牛鼻刀
- 30 mm 长×50 mm 宽×70 mm 高的工件毛坯

6.1 加 工 步 骤

本节使用的工件文件是 SamplePart-Milling\TrainingPart_Blade.esp。开始加工这个叶片时,首先应尽可能地去除多余的材料。为了实现该操作,用户必须先对前面和后面的部分开粗并使用标准面铣削操作去除平坦区域的毛坯材料,然后使用 5 轴复合铣削精加工叶片表面。

在第一步操作中,应当使用 3 轴"等高粗加工"粗加工叶片前面部分。这个操作使用的是 16 mm 的端铣刀,切深为 1 mm,加工余量为 0.5 mm,粗加工后如图 6 - 1 所示。

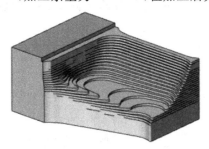

图 6 - 1 粗加工

二次粗加工操作和一次开粗很类似,不过比第一次开粗去除的材料要多,如图 6 - 2 所示。

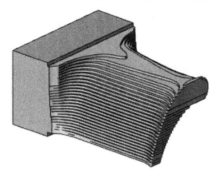

图 6 - 2 二次粗加工

下一步是使用"面加工"策略加工侧壁和顶部的平坦面。首先,用户要建立一个面轮廓,然后对它们使用标准的面加工操作。这四个操作都是单刀铣削面,如图 6 - 3 所示。

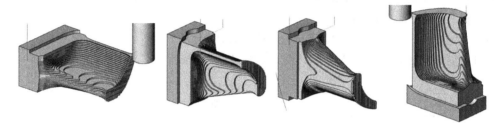

图 6 - 3 面加工

接着对叶片进行精加工,用户要使用 2 个 5 轴复合操作循环,先精加工叶片的大面区域,刀具绕着工件从上而下用 1 mm 的步距旋转加工到底部。在光顺的刀具路径中,刀具以固定角度进行加工,如图 6 - 4 所示。

最后,精加工叶片底部大圆角区域。对于这个加工操作,将曲面的参数线投影到叶片圆角和底部平坦区域之间来产生过渡加工路径。在这个操作中,刀轴也是朝向固定方向的。刀轴被锁住,以避免在加工底部平坦区域的时候刀具和叶片顶部发生碰撞,如图 6 - 5 所示。

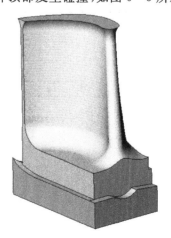

图 6 - 4 精加工   图 6 - 5 过渡加工路径

6.2 创建 3 轴粗加工操作

接下来讲述如何在精加工之前有效地进行粗加工,当完成粗加工操作以后,用户可以仿真该操作并把相应操作的残留毛坯保存为一个单独的文件,用于后续的加工操作,以确保 ESPRIRT 知道哪些材料剩余并可以被用来切削。

(1)粗加工工件前端

1)设置工作平面为毛坯。

2)在"模具铣削加工"工具条中,单击"等高粗加工"。

3)在自由曲面特征对话框中,选择实体模型添加到"零件"列表里。

4)单击"确定"创建特征并显示技术页面。

5)在右键弹出的下拉菜单,单击"系统缺省"重置所有参数。设定参数。如图 6-6 所示。

6)操作名称＝RoughFront。

7)刀具选择＝EM16.0,输入推荐的进给值和转速。

如果需要知道更多关于技术参数的信息,单击"帮助"按钮。

图 6-6　等高粗加工参数设置及模型界面选取位置

（2）定义刀具路径参数

设定参数如下，如图 6-7 所示：

1）公差＝0.03。

2）径向余量＝0.5。

3）轴向余量＝0.5。

4）切削深度计算＝常数。

5）切削深度＝1.6。

6）步距＝8。

7）加工策略＝由外向内顺铣。

8）加工优先级＝区域优先。

9）预精加工＝否。

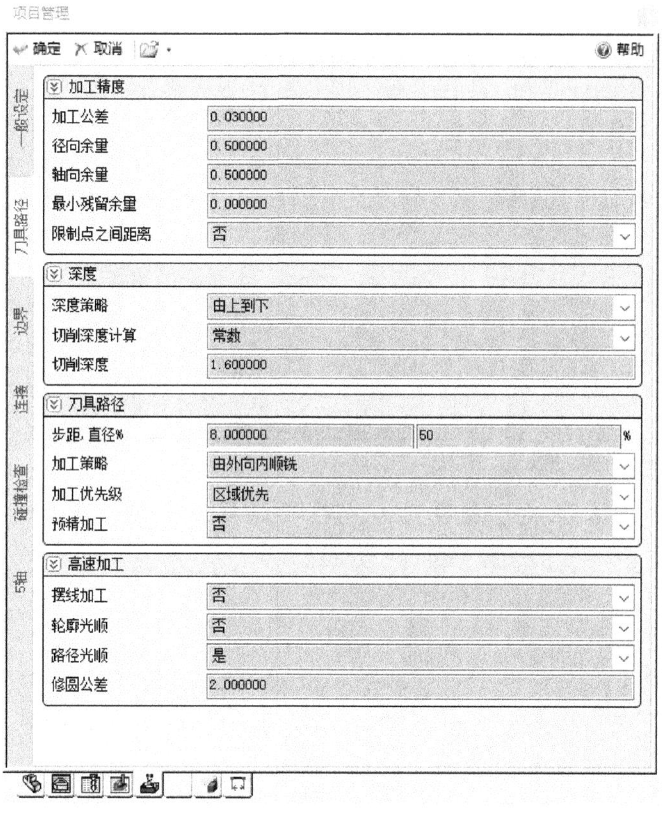

图 6-7 加工参数设置

（3）设定加工边界参数如下，如图 6-8 所示。

1）最大 Z 高度值＝50。

2）最小 Z 高度值＝－50。

3）模型限定刀具位置＝由毛坯限制。

4）边界＝单击边界内部区域，然后选择工作区域的边界轮廓。

5）边界限定刀具位置＝内侧。

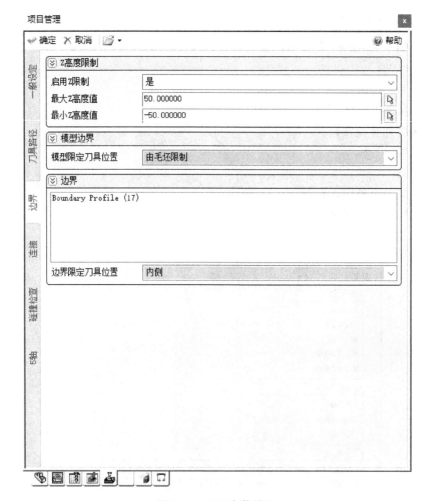

图 6 - 8 边界参数设置

（4）定义零件方式

1）最优化抬刀＝否。

2）最大安全高度＝50。

3）安全高度＝2。

4）进刀＝垂直。

5）垂直距离＝2。

6）进给连接 1＝圆弧化。

7）最大连接距离＝10。

8）斜向角度＝5。

9）进给连接 2＝斜线进刀。

10）最大连接距离＝10。

11）斜向角度＝5。

12）最小斜向进刀宽度＝5。

13）单击"确定"，效果如图 6 - 9 所示。

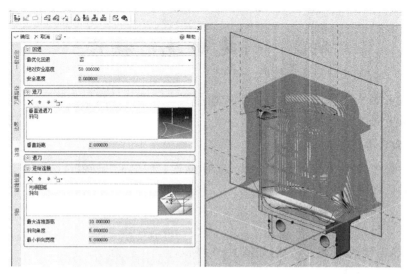

图 6-9　进退刀参数设定

(a)进、退刀及切削轨迹连接参数设置;(b)刀路轨迹效果

(5)粗加工工件背部

1)在操作管理器里,右键单击"Rough Front"操作然后单击"隐藏"。

2)设定工作平面为 ZXY 平面。

3)单击"等高粗加工"。

4)在自由曲面特征对话框,选择实体模型添加到"零件"列表里。

5)单击"确定"创建特征,并显示技术页面。

6)用户可以使用和第一次粗加工操作相同的参数设定。

7)更改"操作名称"为"RoughBack"。

8)单击"确定",效果如图 6-10 所示。

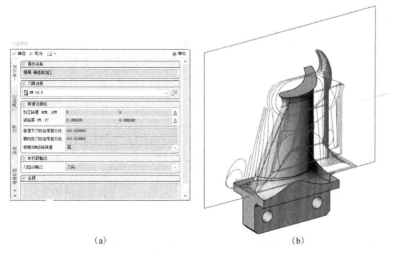

(a)　　　　　　　　　　　(b)

图 6-10　背面加工参数设定

(a)参数设定;(b)背面加工刀路轨迹效果

6.3 创建面铣削操作

面铣削加工的一些优化选项将在本节中使用到。当进行单路径参数设定时,会根据特征的形状沿着最中间产生一条刀具路径。

(1)产生面轮廓

1)在操作管理器中,右键单击"Rough Back"操作然后单击"隐藏"。

2)在层对话框中激活"facing"层。

3)在特征工具栏,单击"面轮廓"。

4)选择显示的 4 个面。

5)单击"确定"产生面轮廓特征,如图 6-11 所示。

图 6-11　创建面轮廓特征

(2)产生一个面操作

在特征管理器中选择第一个轮廓特征,在传统铣削工具栏点击"面铣削"操作,在右键弹出的下拉菜单中,单击"系统缺省",设定如下参数:

1)操作名称＝铣削加工-面加工。

2)刀具名称＝EM16.0。

3)输入合理的切削参数,如图 6-12 所示。

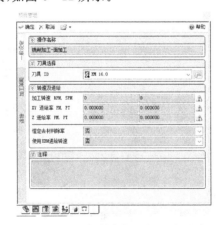

图 6-12　面铣削参数设定:一般设定

（3）定义加工策略

设定参数如下，如图 6-13 所示：

1）加工策略＝由外向内顺铣。

2）一刀＝适用。

3）总切削深度＝0。

4）进给深度＝0。

5）开始深度＝0。

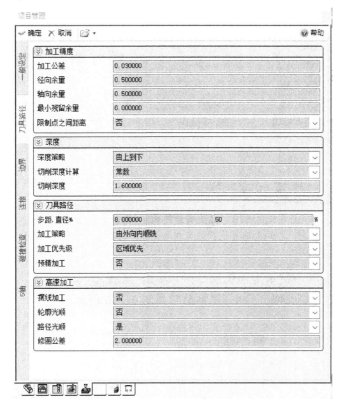

图 6-13　面铣削参数设定：刀具路径

（4）定义零件方式

设定参数如下，如图 6-14 所示：

1）绝对安全高度＝150，安全高度＝2，回退平面＝安全高度。

2）退刀平面＝安全高度。

3）进刀模式＝垂直-横向进给进刀。

4）导进距离＝12.0。

5）退刀模式＝横向-垂直进给退刀。

6）切出距离＝10.0。

7）路径编排策略＝最少刀具磨损。

8）单击"确定"。

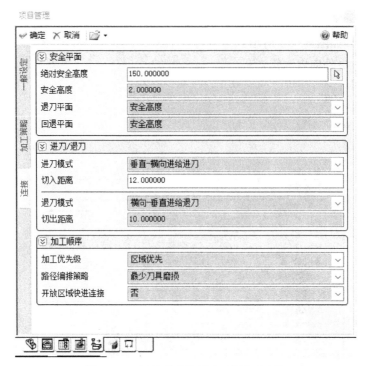

图 6-14 面铣削参数设定:进退刀连接

(5)复制面铣削操作

1)在特征管理器中,右键单击面铣削操作并单击"复制"。

2)右键单击其他的轮廓特征并单击"粘贴",如图 6-15 所示。

图 6-15 相同加工方式复制、粘贴

（6）编辑前断面铣削操作

1）为了避免刀具与工件前端发生干涉，需要增大进刀距离的值。

2）在操作管理器中，单击每个前端面铣削操作直到高亮显示。

3）鼠标双击操作，更改进刀距离为"15.0"。

4）单击"确定"重新生成刀路，如图 6-16 所示。

图 6-16 修改加工参数

（7）改变面铣削的加工顺序

1）在操作管理器中，用拖曳的形式改变面铣削操作的顺序，如图 6-17 所示。

2）把前端面铣削操作拖到二次开粗操作下面。

3）下一步操作是铣削左端面，之后是铣削右端面。

4）最后一步是铣削顶面。

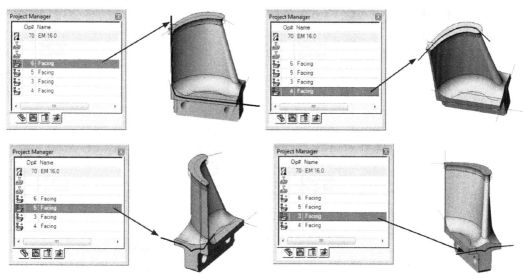

图 6-17 加工顺序修改

（8）仿真

在工具菜单上，单击"选项"，单击"加工"标签页，并确认"启用毛坯自动更新"已勾选。单击"确定"，仿真面铣削操作。不用担心毛坯的不规则形状区域，之后的操作会去除这些材料。面铣削是为之后的 5 轴精加工铣削做准备，仿真模拟加工效果如图 6-18 所示。

图 6-18　仿真模拟加工效果

6.4　创建 5 轴精加工操作

精加工最好是用 5 轴联动加工的方式，5 轴联动加工刀路可以更好地覆盖整个工件的轮廓表面，并且刀轴方向可以通过曲面的法向来控制，可以更好地进行加工。在进行 5 轴联动加工操作的时候，打开 ESPRIT 帮助文件，以提供相关参数的具体信息和图例说明。

（1）创建叶片 5 轴复合加工操作

在层对话框中，激活"Finishing"层并关闭"Facing"层，在实体 5 轴加工工具栏，单击"复合加工"图标，选择叶片上部分的端面和后端面作为一个整体面，单击"检查"对话框内部然后选择实体模型。单击"确定"，如图 6-19 所示。设定参数如下：

1）刀具选择＝BM12。

2）启用 RTCP＝否。

3）输入合理的切削参数。

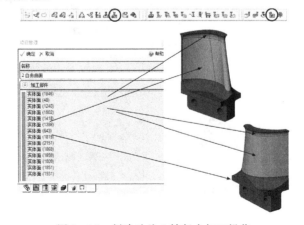

图 6-19　创建叶片 5 轴复合加工操作

（2）定义刀具路径参数

设定参数如下，如图 6 - 20 所示：

1）加工公差＝0.01。

2）余量＝0。

3）刀具路径样式＝平行平面相交。

4）刀具位置＝接触点在曲线上。

5）尖角环过渡＝否。

6）工作平面＝XYZ。

7）起始点 X，Y，Z＝0，0，70（起始的平行平面将被创建在工件顶部）。

8）结束距离＝－70（起始点到选择工作平面的沿 W 轴方向的距离）。

9）加工策略＝顺铣。

10）走刀方式＝单向。

11）改变刀路起始点＝否。

12）加工步距＝1.0。

13）粗加工路径＝否。

图 6 - 20　五轴复合加工能数设置:定义刀具路径

（3）定义刀轴方向

定义刀轴朝向以确保在整个加工过程中刀具轴以 45°角加工。刀具可以加工到叶片顶部的倒扣圆角区域。设定参数如下，如图 6 - 21 所示：

1)刀轴控制方式＝垂直特征平面。

2)最小角度＝0。

3)角度限制＝限制角度。

4)基准轴＝Z轴(这个将锁住 B 和 C 在 NMV 机器上)。

5)固定角度＝45。

6)自动避让＝否。

图 6-21 五轴复合加工参数设置:定义刀轴方向

(4)定义零件方式

1)最优化回退＝在操作内部。

2)绝对安全高度＝50.0。

3)安全高度＝5.0。

4)设定进刀的方式为光顺圆弧,如果这种进刀方式失效,使用垂直进刀方式。

5)进刀 1＝半径。

6)圆弧角度＝90°

7)圆弧半径＝5.0。

8)进刀 2＝垂直。

9)垂直距离＝5.0。

10)对于切削路径进给连接,当刀具一直在切削工件的时候,首选项使用"光顺过渡"。当刀具不切削工件的时候,第二选项使用"光顺过渡"。

11)进给连接 1＝自适应。

12)最大连接距离＝10.0。

13)进给连接 2＝顺畅。

14)最大连接距离＝10.0。

15)圆弧起始角度＝30°。

16)起始圆弧半径＝5.0。

17)圆弧终止角度＝30。

18)终止圆弧半径＝5.0。

19)对于切削路径间的快进连接,采用当刀具绕世界坐标系的 z 轴旋转的时候,朝远离工件的方向回退。

20)快进连接＝绕 Z 轴径向。

21)单击"确定",如图 6-22 所示。

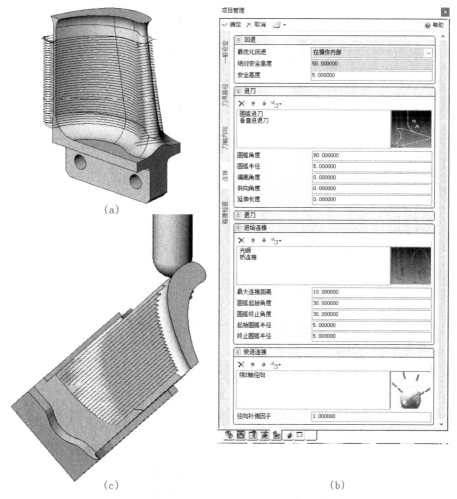

(a)

(c)

(b)

图 6-22　五轴复合加工参数设置

(a)刀路轨迹;(b)参数设定;(c)仿真模拟加工效果

(5)创建相切面的自由曲面特征

打开"组群特性"对话框然后确认面为相切面,单击"自由曲面特征"图标,按住 Shift 键并选择叶片上的单一面,所有的相切曲面自动选择,旋转工件确认选择面是否正确,单击"检查"对话框内部然后选择实体模型,单击"确定",如图 6-23 所示。

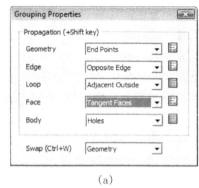

(a)

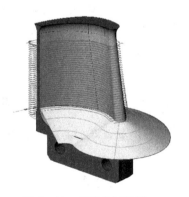

(b)   (c)

图 6-23   自由曲面特征建立

(a)组群特性参数设定;(b)自由曲面特征编辑器;(c)三维模型选取顺序

(6)创建圆角的五角特征

在特征管理器中,选择"4FreeForm"特征,在实体 5 轴加工工具栏中,单击"复合加工"图标,通用页面参数设定同先前设定的参数一样,这类曲面加工采用参数线的加工方式是比较理想的,但是不能使用圆角的参数线,因为在这种情况下,在叶片底部的平坦区域是不能产生较好的过渡路径的。用户可以使用把已知曲面的参数线投影到圆角和平坦区域的方式,打开层对话框然后显示"SurfaceForProjection"层。这个曲面要足够大,可以覆盖整个用来加工的区域,如图 6-24 所示。

图 6-24   创建曲面投影

(7)定义刀具路径参数

单击"刀具路径"标签页,设定参数如下,如图 6-25 所示:

1)刀具路径样式＝投影曲面参数线。

2)刀具位置＝接触点在曲线上。

3)驱动面＝单击鼠标并选择加工区域的某个面。

4)加工方向＝U 向(U 方向是驱动面上左下箭头方向)。

5)翻转切削加工方向＝否(使用和左下箭头所指方向一致的方向)。

6)翻转横越方向＝是(使用右下箭头指向的反向进行加工,因此刀具路径从外向内)。

7)翻转发射边＝否(右上箭头方向是当前方向)。

8)投影距离＝20(这个距离可以确保参数线到达特征的每个区域)。

9)一刀＝否。

10)通过移动＝单向。

11)改变通过起始位置＝否。

12)加工步距＝0.25。

13)粗加工路径＝否。

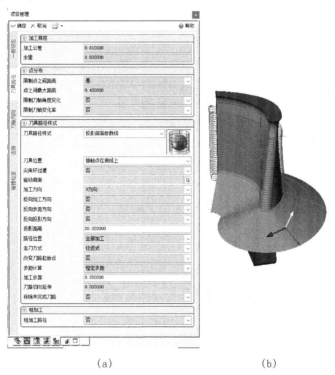

(a)　　　　　　　　　　　　　　(b)

图 6-25　设定五轴加工参数:刀具路径

(a)五轴加工参数设定;(b)五轴加工刀路

(8)定义刀轴方向铣削平坦区域

定义刀轴方向铣削平坦区域的时候,需要倾斜刀轴来避让干涉,如图 6-26 所示。

1)方向策略＝驱动面法向。

2)前倾角＝0。

3)侧倾角＝0。

4)角度限制＝固定角度。

5)基准轴＝Z 轴。

6)固定角度＝70。

7)自动避让＝否。

图 6-26　设定五轴加工参数:刀轴方向

(9)定义路径方式

单击"回退"标签页,进行如下设置,如图 6-27 所示:

1)最优化回退＝在操作内部。

2)绝对安全高度＝50。

3)安全高度＝5.0。

4)进刀策略和先前操作类似,不过要改变进刀的距离。

5)进刀 1＝半径。

6)圆弧角度＝90°。

7)圆弧半径＝5.0。

8)进刀 2＝垂直。

9)垂直距离＝3.0。

进给连接策略也一样,增加桥连接作为第三选项,如果刀具不能以前面两种方式光顺连接,刀具会以直接进给的方式进行连接。

1)进给连接 1＝自适应。

2)最大连接距离＝5.0。

3)进给连接 2＝顺畅。

4)最大连接距离＝10.0。

5)圆弧起始角度＝30。

6)起始圆弧半径＝5.0。

7)圆弧终止角度＝30。

8)终止圆弧半径＝5.0。

9)进给连接 3＝桥。

10)最大连接距离＝10.0。

11)垂直距离＝2.0,快进连接绕 Z 轴旋转向外。

12)快进连接＝径向绕 Z 轴。

13)单击"确定"。

14)关闭"SurfaceForProjection"层。

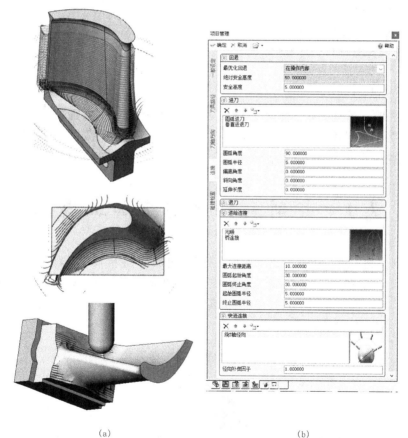

(a)   (b)

图 6-27　设定五轴加工参数:连接

(a)刀路轨迹;(b)进退刀参数设定

第7章　车铣复合加工

 学习目标

- 在副主轴上创建加工操作
- 在操作管理器中改变加工操作的顺序
- 创建铣削以及钻削操作
- 创建停刀命令

 工作任务

本次课程主要讲解如何在一台双主轴双刀塔的多任务机床上进行车或铣的加工操作,此机床的上刀塔为 B 轴铣削刀头,因为已在主轴上创建了若干加工操作,所以可以在工件传输的工序之后创建副主轴上的加工操作。

7.1　在副主轴上创建加工操作

通常,在副主轴上用户能够创建以下加工操作:粗加工、轮廓加工、螺纹加工、缠绕钻孔、缠绕轮廓、钻孔加工、插槽加工、旋转端面轮廓加工及钻孔加工。打开文件 SolidMillTurn\Mori-Seiki_NT_SZ.esp,导入三维模型,如图 7 - 1 所示。

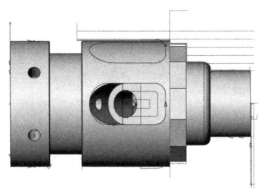

图 7 - 1　导入三维模型

在工序管理器中,可以看到已经在主轴上创建了一些加工操作并且已经对其做了同步处理。接下来要做的是在副主轴上创建之后的操作。多任务加工操作管理器如图 7 - 2 所示。

图 7 - 2　多任务加工操作管理器

用户可以在 SolidMillTurn\Process 文件夹中找到并载入相对应的工艺文件，必须提前导入以下 Add-in 插件：Turning Work Coordinates 和 AutoSubStock。首先，关闭图层"Tool Path Main Spindle"来隐藏已存在的刀路。在"特征管理器"中，激活工作坐标系 G55。选择特征"01 Back Face"，并点击"2D 车削"工具条上的"粗加工"按钮。打开文件 01-Rough Face-Top Sub. prc，此操作将在副主轴上采用 B 轴刀头粗加工后端面。由于 ESPRIT 的车削加工材料自动更新的功能仅适用于车削加工而非铣削加工，因此在此操作中用户不能选择材料自动更新功能。在此操作中，添加了一项精加工操作，点击"确认"。

选择特征"02 OD Profile-Bottom"，点击粗加工按钮，打开文件 02-Rough OD-Bottom Sub. prc，副主轴（背轴）加工待定界面如图 7 - 3 所示。这一特征位置在中线之下，所以我们将用下刀塔来完成加工，同样地，用 B 轴上刀塔来加工位于中线之上的特征，点击"确认"。

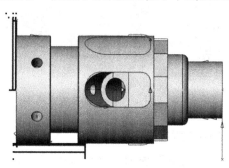

图 7 - 3　副主轴（背轴）加工待定界面

这两项新添加的加工操作被置于工序管理器的下方,如图 7 - 4(a)所示,选择加工操作"Rough Face Canned Cycle",然后拖曳其至"B axis head"下的第一个同步码之上,可见在同步码上方有一条线。松开鼠标按钮将其置于此位置,该加工操作将在主轴端面加工的同时进行。选择加工操作"Rough OD Canned Cycle",然后拖曳其至"Bottom Turret"下的第二个同步码之上,[见图 7 - 4(b)]该项加工操作将在主轴外轮廓粗加工的同时进行。拖拽第二个同步码,置于刀具"Turning Insert Bottom Main"之上。

(a)　　　　　　　　(b)　　　　　　　　(c)

图 7 - 4　加工操作顺序调整

选择特征"03 OD Profile-Top"。点击"轮廓加工"按钮。打开文件 03-Finish OD-Top Sub.prc,点击"确认",如图 7 - 5 所示。选择特征"04 OD Thread-Top",点击"螺纹加工"按钮,打开文件 04-Thread OD-Top Sub,此螺纹加工采用的方式是"选择指定的轮廓"而非"从数据库中读取"。此特征的位置定义了该螺纹的最大直径值,同时螺纹深度值定义了该螺纹的最小直径值,点击"确认"。

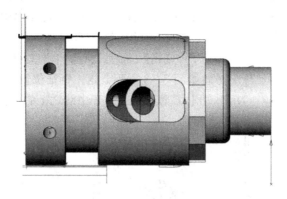

图 7 - 5　副主轴(背轴)加工完成界面

在工序管理器中,按住 Ctrl 键同时选择以下加工操作:"OD Turn Finish-Top Sub"和"OD Turn Thread-Top Sub"。拖曳这两项加工操作置于第二个同步码之下。在两刀塔的精加工操作之下创建一个新的同步码。

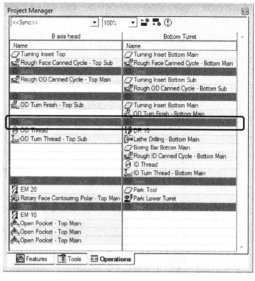

图 7-6　加工顺序调整

选择特征"05 Hole"。由于这些孔特征位于工件外轮廓之上,因此需要选用"缠绕钻孔加工"操作。在"加工设置"工具条中,点击"工艺管理器"按钮,点击"打开工艺文件",如图 7-7 所示。选择工艺文件 05-Wrap Drill Complete-Top Sub.prc 然后点击打开。所选择的工艺包含了三次缠绕钻孔加工操作,分别是点钻、啄钻以及攻螺牙。由于每个加工孔的孔深都为 12 mm,因此选择每次啄钻的深度为 5 mm,点击"应用",点击"退出"。

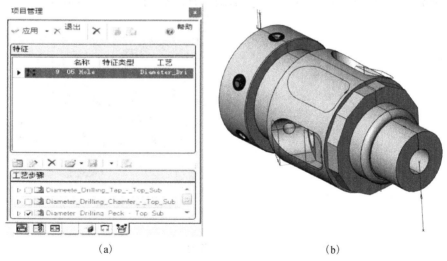

(a)　　　　　　　　　　　　　(b)

图 7-7　工艺管理器及三维轴侧视向

(a)工艺管理器;(b)三维轴侧视向

在"工序管理器"中,按住 Ctrl 键同时选择全部三个钻孔加工操作。拖曳并将加工操作置于"OD Turn Thread-Top Sub"之下,如图 7-8 所示。

图 7-8　三个钻孔加工操作顺序调整

选择特征"06 OD Wrap Contour",改变工作平面为 YZX。在"编辑"菜单中,选择"复制"选项。将转变类型设定为"旋转",并勾选"复制"选项,设置复制的数量为 2。输入总旋转角度值为 360°,复制对象之间角度值为 120°,如图 7-9 所示。勾选"使用原点当旋转轴",点击"确认"。

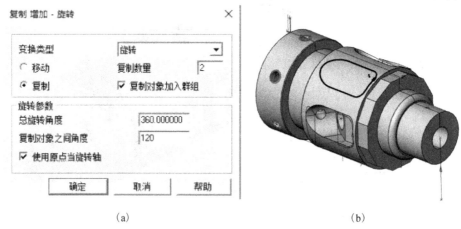

（a）　　　　　　　　　　　　　　　　　　　（b）

图 7-9　加工方案圆周阵列（复制方式）

(a)加工方案圆周阵列（复制）对话框;(b)模型三维轴侧视向

在车铣复合工具条上,点击"缠绕轮廓加工"按钮,打开文件 06-Wrap Contour OD-Top Sub.prc。此操作将围绕特征轮廓左边 1 mm 刀具补偿处生成刀路,移动类型设置为 Radial Tool Axis,得刀具轴在切削过程中始终位于工件径向方向 t。点击"确认"。

以上特征以及加工操作均被置于特征集合文件夹中,其中包含应用于整个特征组合的母加工以及对应于各级特征的子加工。如果改变了其中母加工的参数设置,那么子加工中对应的参数也将相应改变,生成的刀路被置于工件表面之下。

拖曳全部三个"OD Wrap Contouring Chamfer"加工操作并将其置于"Diameter Drilling Tap"之下,加工操作顺序调整界面如图 7 - 10 所示。

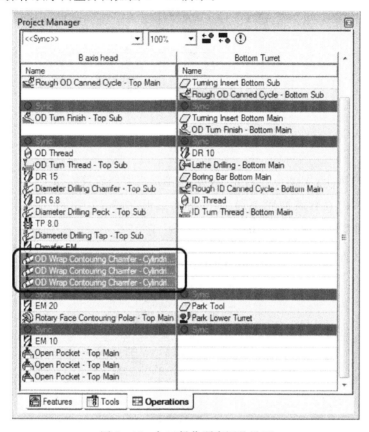

图 7 - 10　加工操作顺序调整界面

选择特征"07 Hole"。在"车铣复合"工具条上,点击"钻孔加工"按钮。打开文件 07-Drill ID-Bottom Sub. prc,如图 7 - 11 所示。选择啄钻加工操作,点击"确认"。选择特征"08 ID Profile-Bottom",点击"粗加工"按钮,打开文件 08-Rough ID-Bottom Sub. prc,此加工操作为以 3 mm 的切深来对内圆进行粗加工。点击"确认",无需调整以上加工操作的顺序。

图 7 - 11　内孔加工刀路轨迹(车削)

打开特征"09 OD Groove",插槽加工刀路轨迹如图 7-12 所示。点击"插槽加工"按钮。打开 09-Groove OD-Bottom Sub. prc,此加工操作包含粗切开槽和精修轮廓两个步骤,点击确认,无需调整以上加工操作的顺序。

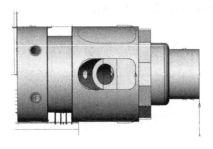

图 7-12 插槽加工刀路轨迹

选择特征"10 Rotary Profile",内腔(六角)铣削加工刀路轨迹如图 7-13 所示,在"车铣加工"工具条上,点击"旋转端面轮廓加工"按钮。打开文件 10-Rotary Face Contouring-Top Sub. prc,创建一个粗切刀路,点击"确认"。

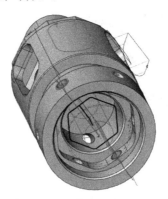

图 7-13 内腔(六角)铣削加工刀路轨迹

在"EM 20"刀具上方以及加工"OD Groove-Bottom Sub"下方添加一个同步码(见图 7-14),找到一个上刀头路径之外的位置来暂时停放下刀塔,在"加工设置"工具条上,点击"暂停"按钮,设置如下加工参数:

1)操作名称=Park Lower Turret。

2)主轴名称=Main Spindle。

3)刀塔名称=Bottom Turret。

4)刀具 ID=Part Tool。

5)点击"停车"标签页。

6)停刀位置 X、Y、Z=-200、0、-30。

7)回归模式=无。

8)停止码=选择性停止,点击"确认"。

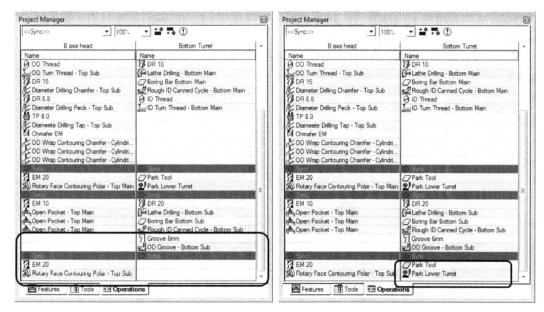

图 7 - 14　加工顺序调整

7.2　在倾斜平面上进行铣削

本节加工操作在倾斜平面上进行,工作坐标系随着工件旋转而变化。激活工作坐标系,工作坐标名称为 G55_Baxis,如图 7 - 15 所示。

图 7 - 15　副主轴(背轴)坐标系设定

在 G55_Baxis 上双击查看其属性,"跟随工件旋转"的选项为"只有点"。"旋转工件"选项仅适用于需要旋转工件才能进行的复杂加工。如果选项为"只有点"的话,工作坐标系将包括当前原点(从 X,Y,Z 坐标轴设定而来)而不包括当前坐标轴。在加工过程中,当工件开始转动时,应采用系统坐标系。如果选项为"点和方向",工作坐标系将包括当前原点以及当前坐标轴,此原点和轴将随着工件转动。在大多数加工应用中,采用的是当前原点加系统坐标系的模式,点击"取消"按钮来关闭此对话框。

选择名为"11 Open Pocket"的三条特征,如图 7-16 所示。在"车铣加工"工具条上,点击"型腔加工"按钮,打开文件 11-Open Pocket Tilted-Top Sub. prc。此加工操作将采用由内向外的方式在型腔底部创建粗切刀路,点击"确认",在"工序管理器"中,在新添加的型腔加工工艺之上创建一个同步码。

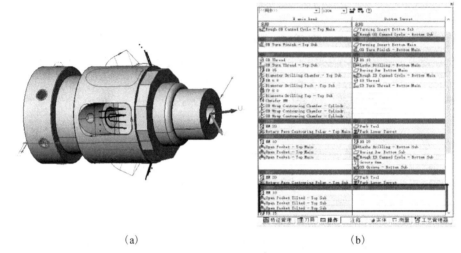

(a)   (b)

图 7-16　斜面型腔加工管理

(a)斜面型腔加工刀路轨迹;(b)同步加工管理

选择名为"12 Hole"的三条特征,如图 7-17 所示。在"车铣加工"工具条上,点击"钻孔加工"按钮,打开文件 12-Drilling Tilted-Top Sub. prc,此加工操作为步进深度为 10 mm 的啄钻操作,点击"确认"。

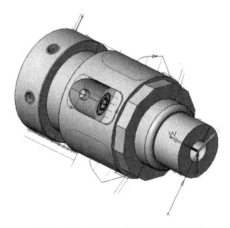

图 7-17　可视工作平面建立状态

在新的钻孔操作下添加一个同步码,同步加工管理界面如图 7-18 所示。在"加工设置"工具条上,点击"暂停"按钮,使用同之前停刀操作相同的参数设定,点击"确认"。

图 7 - 18 同步加工管理界面

7.3 创建工件转移操作

此机床具有一个工件夹取装置,因此用户能够将工件置于工件夹取装置上,可以通过对副主轴进行编程来实现对主轴上工件的拾取,将材料往前拉伸一段距离,以在主轴上进行切断加工。在切断加工之后副主轴将自动返回原始位置。

1)改变视角至 Top,然后按下 F6 键将全部几何显示在屏幕上。

2)激活工作坐标系 G55。

3)在"车铣加工"工具条上,点击"释放"按钮。

4)打开文件 13-Release-Sub. prc。

5)点击"确认",然后选择在屏幕右下方的一个点。

6)激活工作坐标系 G54。

7)点击"拾取"按钮。

8)打开文件 14-Pickup-Sub. prc。

9)点击"确认"。

10)选择原点(0,0,0)。

11)点击"自动进料"按钮。打开文件 15-Barfeed By Spindle. prc。

12)点击"确认",选择原点(0,0,0),选择特征"09 Cutoff"。

13)点击"切断"按钮。

14)打开文件 16-Cutoff-Main. prc,副主轴(背轴)传递位置如图 7 - 19 所示。

15)点击"确认"。

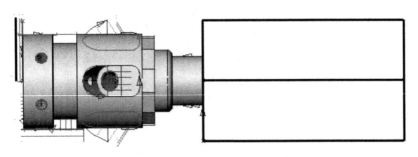

图 7 - 19　副主轴(背轴)传递位置

增加同步码(见图 7 - 20)的设置如下：

1)在"释放操作"上方创建一个同步码。

2)在"拾取操作"上方创建一个同步码。

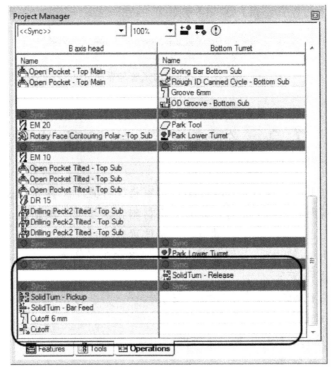

图 7 - 20　加工顺序调整——增加同步码

调整停刀操作参考坐标系(见图 7 - 21)设置如下：

1)折叠工作坐标系 G54 来隐藏所有的特征及操作。

2)选择 G55 中的停刀操作,并将其拖拽到 G54 上方,同时松开鼠标按钮。

3)折叠工作坐标系 G54。

4)选择 G55_Baxis 中的停刀操作,并将其拖曳到 G54 中,使所有的停刀操作都以 G54 为参考。

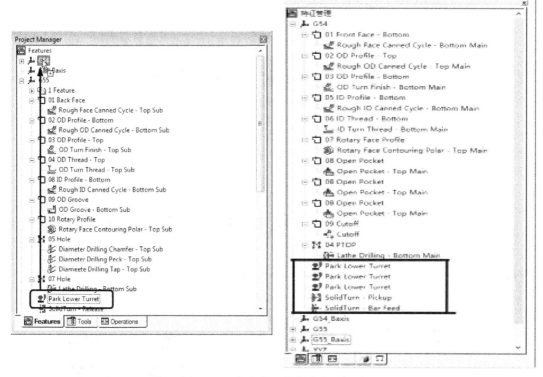

图 7 - 21 调整停刀操作参考坐标系

模拟所有的加工操作,仿真加工模拟效果如图 7 - 22 所示。

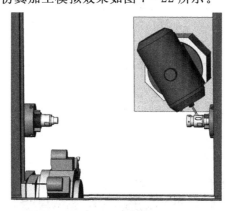

图 7 - 22 仿真加工模拟效果

第8章 ESPRIT 应用实例

8.1 实例一——数控车削(短螺纹轴)

任务:使用软件自动编写车削加工程序(零件如图8-1所示,材料:45钢)。

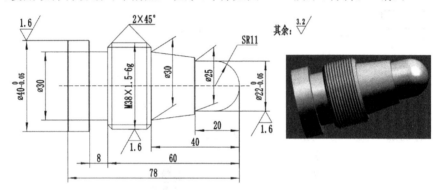

图8-1 零件尺寸及三维模型

8.1.1 前期准备

(1)启动软件、新建项目文件

1)双击桌面图标,启动软件,点击"确定"(见图8-2)。

图8-2 软件启动界面

2)新建空白文件:选择"空白文件",点击"确定"(见图 8 - 3)。

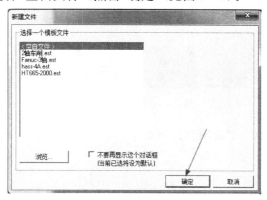

图 8 - 3　新建空白文件

(2)界面初始设置

1)点击"视图",勾选"UVW 轴线"等必要选项(见图 8 - 4)。

图 8 - 4　界面初始设置

2)在标题栏点击"工具"→"系统单位",勾选"公制"(见图 8 - 5)。

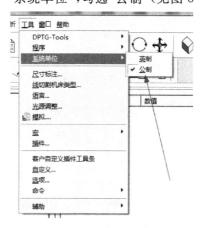

图 8 - 5　设定系统单位

3)在右下角点击"子元素""捕捉""网格""HI"等智能选择项目(见图 8 - 6)。

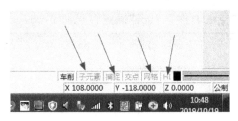

图 8-6　智能选项命令

4）在标题栏点击"工具"→"选项"（见图 8-7）。

图 8-7　工具选项

在弹出的"选项"对话框"属性"选项卡，设定背景颜色，勾选"使用梯度"（见图 8-8）。

图 8-8　设定背景颜色

对其余颜色进行个性化设置，"尺寸标注"选黑色（见图 8-9）。

图 8-9　设定尺寸标注颜色

在"加工"选项卡勾选"用户设置页面""开启毛坯自动更新"（见图 8-10）

图 8 - 10　设定加工选项

在"选项"对话框下部点击图标"缺省值…",在弹出的"默认"对话框勾选"保存当前为用户默认",点击"确定"(见图 8 - 11)。

图 8 - 11　设定用户缺省值

5)在标题栏点击"编辑"→"工件对齐",勾选"工件对齐"(见图 8 - 12)。

图 8 - 12　勾选"工件对齐"

把弹出的"工件对齐"对话框拖曳到工具栏合适位置,使之成为快捷图标,便于以后操作(见图 8 - 13)。

图 8 - 13　对话框变为快捷图标

选择车削加工方式:左上角点击"车削加工"图标(见图 8-14)。

图 8-14　选择车削加工方式

8.1.2　项目准备

(1)载入 3D 模型、载入 2D 图形或绘制 2D 图形

1)绘制 3D 模型(包括倒角、倒钝,可用其他软件完成),输出保存为.x_t 格式(见图 8-15)。

图 8-15　绘制 3D 模型

2)返回 ESPRIT 软件,左上角点击"打开"(见图 8-16)。

图 8-16　点击打开命令

3)查找模型文件"短螺纹轴",选中并勾选"合并",点击"打开"(见图 8-17)。

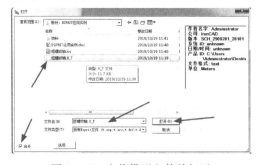

图 8-17　查找模型文件并打开

4)在标题栏点击"视图"→"显示"→"阴影和线框显示"(见图 8-18)。

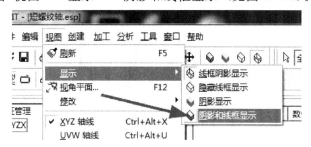

图 8-18　选择显示模式(菜单命令)

直接点击图标(见图 8-19)。

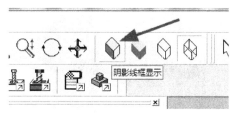

图 8-19　选择显示模式(图标命令)

操作区域显示效果如图 8-20 所示。

图 8-20　显示效果

(2)设定工件坐标系(工件对齐)

1)X 轴对齐:选中工件小端的其中一个台阶面(选中部位颜色改变)(见图 8-21)。

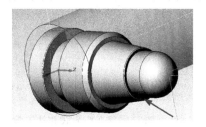

图 8-21　选中部位颜色改变

点击 |⌐⊗ ,自动旋转为:零件轴向与毛坯轴向对齐(见图 8-22)。

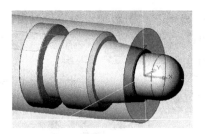

图 8-22　对齐效果 1(方向一致)

2)轴心对齐:选中一个外圆柱面,再次点击 ，轴心与 X 轴同轴(见图 8-23)。

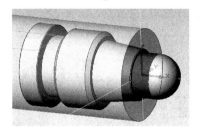

图 8-23　对齐效果 2(同心)

在右端中心建立坐标系,选中工件整个实体(颜色改变),点击右键并点击"复制"(见图 8-24)。

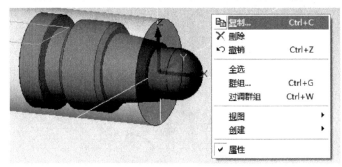

图 8-24　选中整体,点击右键并点击"复制"

在弹出的"移动-移动"对话框,变换类型选择"移动"(见图 8-25)。

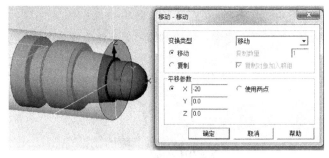

图 8-25　选择位置变换方式并输入数据

"平移参数":在 X 处输入－20(从零件图纸得到数据,见图 8-25),点击"确定"后,完成工件坐标系设定(见图 8-26)。

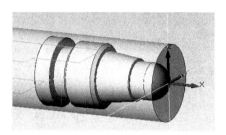

图 8-26　设定工件坐标系

（3）项目基本设置

1）工件摆正：选择 XYZ 坐标系，选择"上部"视向（见图 8-27）。

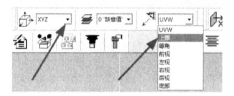

图 8-27　选择显示效果

视觉效果为工件处于车床夹持状态，绿色线框表示卡盘卡爪（见图 8-28）。

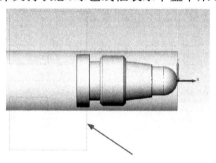

图 8-28　待加工视向

2）选择加工机床：在标题栏点击"加工"→"加工设置"→"机床设置"（见图 8-29）或点击"机床设置"图标（见图 8-30）。

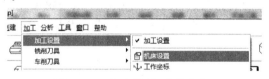

图 8-29　机床设置（菜单命令）

图 8-30　机床设置（图标命令）

弹出对话框，在空白处点击右键，点击"打开"（见图 8-31）。

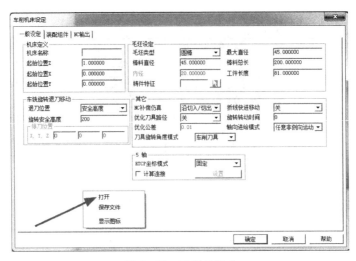

图 8 - 31　选择机床 1

选择具有车削功能的机床文件(. EMS),打开(见图 8 - 32)。

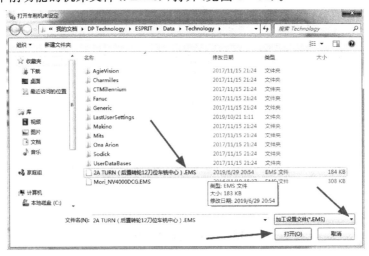

图 8 - 32　选择机床 2

3)设定毛坯参数:"起始位置 Z"输入 1.000000 表示端面余量为 1 mm;加工工艺为车好以后长度留余量 0.5,切下,反面车平,故棒料夹持长度需要设长一些,最大直径不小于棒料直径(见图 8 - 33)。

图 8 - 33　设定毛坯参数

4)设定毛坯伸出长度:点击"装配组件"选项卡,点击"Main Spindle - 1"中"几何"图标(见图 8 - 34)。在弹出的"主轴几何"对话框可以看到卡爪长度尺寸为 30 mm(见图 8 - 35)。

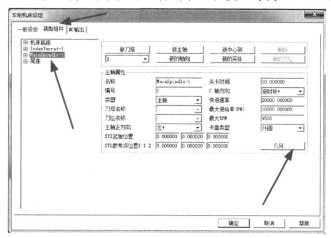

图 8 - 34　设定毛坯伸出长度

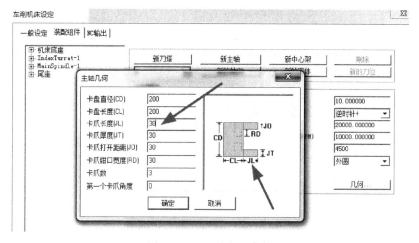

图 8 - 35　查看夹具参数

因此,若工件打算伸出 90 mm,则在"机床底座"的 Z 值数据处输入-120.000(见图 8 - 36)。

图 8 - 36　设定夹持位置

点击"确定",可看到工件的坐标系、毛坯和夹持情况等,如图 8 - 37 所示。

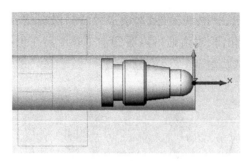

图 8-37 零件位置情况

点击"模拟加工"图标,可模拟显示夹持情况(见图 8-38)。

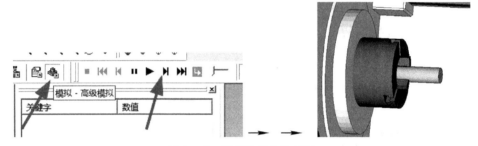

图 8-38 模拟显示夹持情况

(4)设定加工刀具

1)设定车刀:在项目管理器下端点击"刀具"(见图 8-39)。

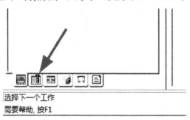

图 8-39 设定车刀

选择"刀位 1",右键点击"新建"→"车削刀具"→"车刀片"(见图 8-40)。

图 8-40 新建第一把刀具

设置粗车刀具各种参数(个人习惯自下而上):后置刀架,采用左手刀具,主轴逆时针旋转(见图 8-41~图 8-44)。

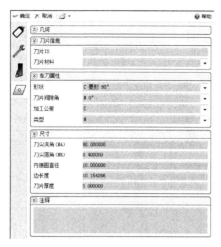

图 8-41　粗车刀参数(刀片)

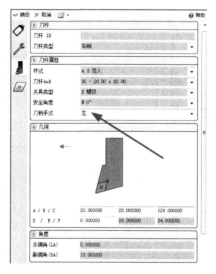

图 8-42　粗车刀参数(刀杆)

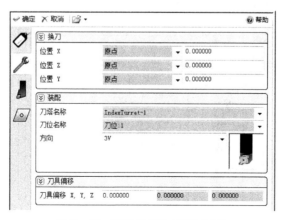

图 8-43　粗车刀参数(安装位置)

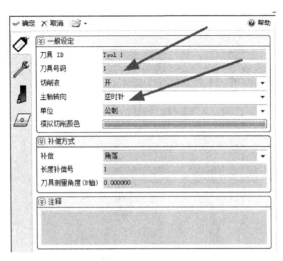

图 8-44 粗车刀参数(刀补号及主轴转向)

2)设定 55°精车刀：选择"刀位 2"，右键点击"新建"→"车削刀具""车刀片"(见图 8-45)。

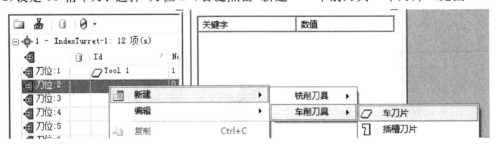

图 8-45 新建第二把刀具

设置精车刀具各种参数(个人习惯自下而上)：后置刀架，采用左手刀具，主轴逆时针旋转(见图 8-46～图 8-49)。

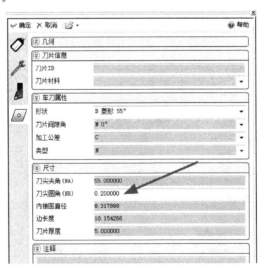

图 8-46 精车刀参数(刀片)

图 8-47　精车刀参数（刀杆）

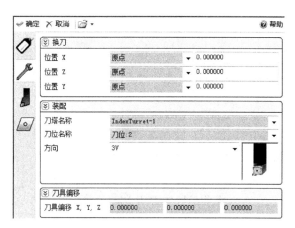

图 8-48　精车刀参数（夹持位置）

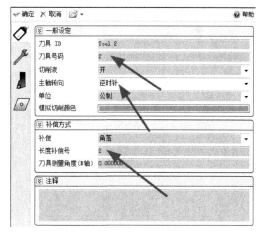

图 8-49　精车刀参数（刀补号等）

3)设定切槽切断车刀：选择"刀位3"，右键点击"新建"→"车削刀具"→"插槽刀片"（见图 8-50）。

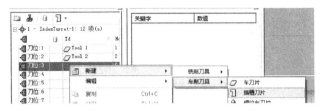

图 8-50　新建第三把车刀（切槽刀）

设置切槽刀具各种参数（个人习惯自下而上）：后置刀架，采用左手刀具，主轴逆时针旋转（见图 8-51～图 8-54）。

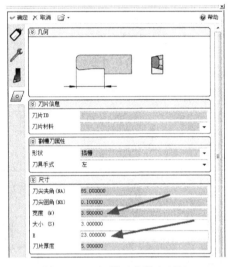

图 8-51　切槽刀参数（刀片）

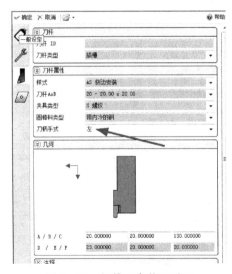

图 8-52　切槽刀参数（刀杆）

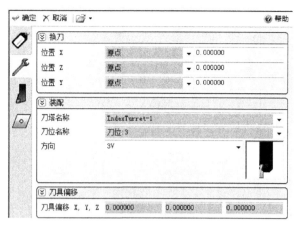

图 8-53 切槽刀参数(夹持位置)

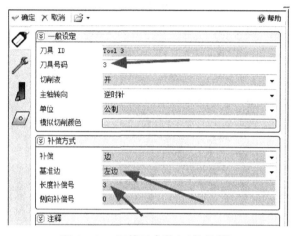

图 8-54 切槽刀参数(刀补号等)

4)设定螺纹车刀:选择"刀位 4",右键点击"新建"→"车削刀具"→"螺纹车刀片"(见图 8-55)。

图 8-55 设定第四把刀具(外螺纹刀)

设置刀具各种参数(个人习惯自下而上):右旋螺纹,无论前、后置刀架,都必须采用右手刀具,主轴顺时针旋转(见图 8-56~图 8-59)。

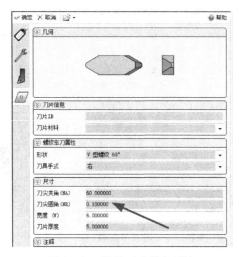

图 8-56　螺纹刀参数(刀片)

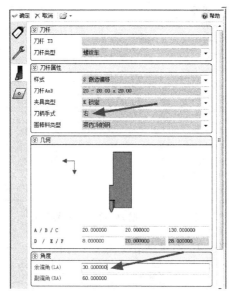

图 8-57　螺纹刀参数(刀杆)

图 8-58　螺纹刀参数(夹持位置)

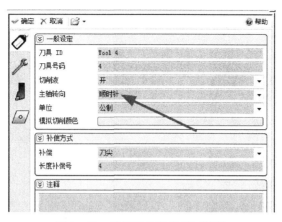

图 8-59　螺纹刀参数（刀补号等）

（5）提取几何图形、绘制辅助线

点击"创建"→"特征"（见图 8-60），或点击"创建特征-编辑特征"图标（见图 8-61）。

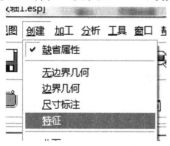

图 8-60　创建特征（菜单命令）

图 8-61　创建特征（图标命令）

弹出智能工具条［见图 8-62(a)］。

点击图标　　弹出"车削轮廓"对话框，选中实体模型，按需要设置参数，点击"确定"［见图 8-62(b)］。

图 8-62　创建特征

按下电脑"Ctrl＋M"键，弹出"屏蔽"对话框，去掉"实体"选项前面的"√"（见图 8-63）。

图 8-63　显示内容过滤器

得到如下几何轮廓曲线(见图 8-64)。

图 8-64　工件几何轮廓曲线

绘制辅助线:根据加工工艺,还需要绘制车削右端面的曲线,以及在根部绘制切断所需的槽型轮廓(不完全切断,留 3 mm,防止工件掉下)(见图 8-65)。

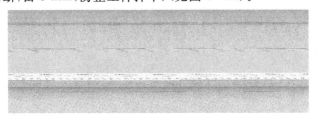

图 8-65　绘制(切断)辅助线

(6)创建特征

点击"创建"→"特征"(见图 8-66),或点击"创建特征－编辑特征"图标(见图 8-67),弹出智能工具条(见图 8-68)。

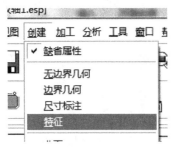

图 8-66　创建特征(菜单命令)

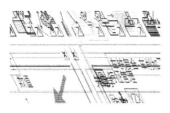

图 8 - 67　创建特征(图标命令)

图 8 - 68　智能工具条

1)创建端面车削特征:选中端面曲线,点击"自动链特征"图标(箭头表示方向,点击图标可以改变特征方向,改为从上到下)(见图 8 - 69)。

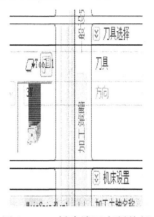

图 8 - 69　创建端面车削特征

2)创建轮廓车削特征:选中轮廓组成曲线,点击"自动链特征"图标 ，点击图标 改变特征方向为从右到左(见图 8 - 70)。

图 8 - 70　创建轮廓车削特征

3)创建螺纹让刀槽车削特征:选中让刀槽组成曲线(含倒角),点击"自动链特征"图标 ,点击图标 改变特征方向为从右到左(见图 8 - 71)。

图 8-71　创建螺纹让刀槽车削特征

4)创建螺纹车削特征：选中螺纹部分外圆曲线（含倒角），点击"自动链特征"图标 ，点击图标 改变特征方向为从右到左（见图 8-72）。

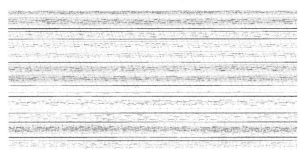

图 8-72　创建螺纹车削特征

5)创建切断车削特征：选中切断槽曲线，点击"自动链特征"图标 ，点击图标 改变特征方向为从右到左（见图 8-73）。

图 8-73　创建切断车削特征

8.1.3　项目实施

（1）加工策略及参数设定

1）端面车削：选中端面特征，点击"车铣复合-车削加工"图标（见图 8-74）。

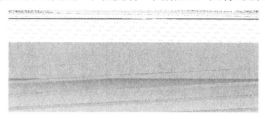

图 8-74　车削加工及粗加工指令

点击粗加工图标 ，弹出车削策略参数设定对话框，设定各种参数（完成后点击左上角"确定"）（见图 8-75～图 8-78）。

图 8-75　端面车削参数设定 1

图 8-76　端面车削参数设定 2

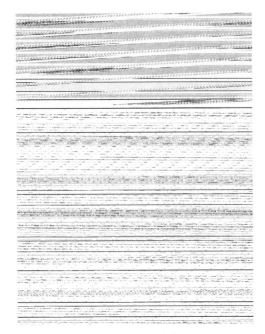

图 8-77 端面车削参数设定 3

图 8-78 端面车削参数设定 4

完成参数设定,点击左上角"确定",生成端面车削轨迹(见图 8-79)。

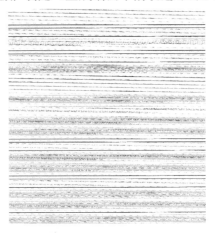

图 8-79 端面车削轨迹

2)粗车外形:选中外轮廓特征,点击"粗加工"图标(见图 8-80),设置粗车参数(见图 8-81~图 8-83)。

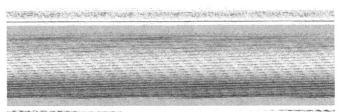

图 8-80 选中特征、点击粗加工指令

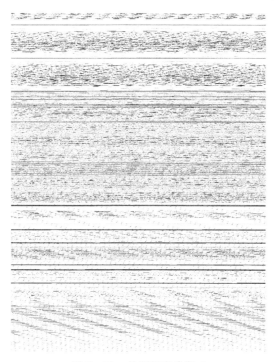

图 8-81　外圆粗车参数 1

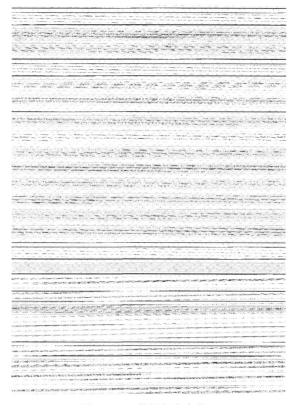

图 8-82　外圆粗车参数 2

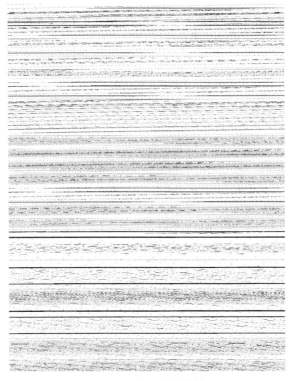

图 8-83 外圆粗车参数 3

完成参数设置,点击左上角"确定",生成外圆粗车轨迹(见图 8-84)。

图 8-84 外圆粗车轨迹

3)精车外形:选中外轮廓特征,点击"轮廓加工"图标(见图 8-85)。

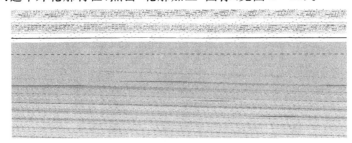

图 8-85 选中特征、点击精加工指令

设置粗车参数(完成后点击左上角"确定")(见图 8-86~图 8-88)。

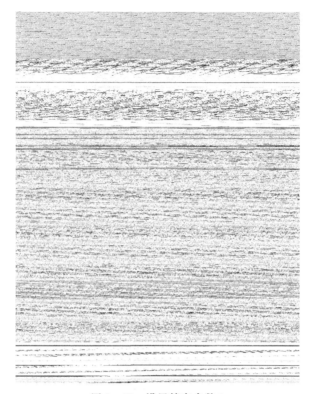

图 8 - 86　设置精车参数 1

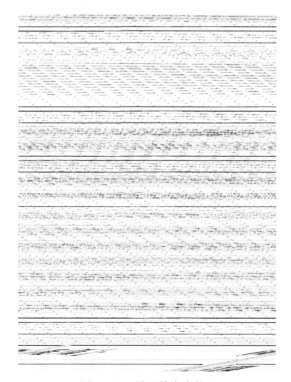

图 8 - 87　设置精车参数 2

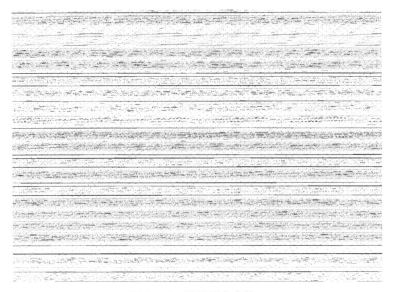

图 8-88　设置精车参数 3

完成参数设置,点击左上角"确定",生成外圆精车轨迹(见图 8-89)。

图 8-89　外圆精车轨迹

4)车削螺纹让刀槽:选中让刀槽特征,点击"插槽加工"图标(见图 8-90)。

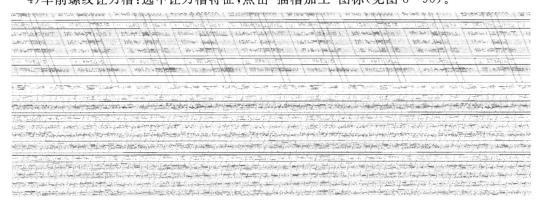

图 8-90　选中螺纹让刀槽特征、点击"插槽加工"图标

设置插槽加工参数(完成后点击左上角"确定")(见图 8-91~图 8-94)。

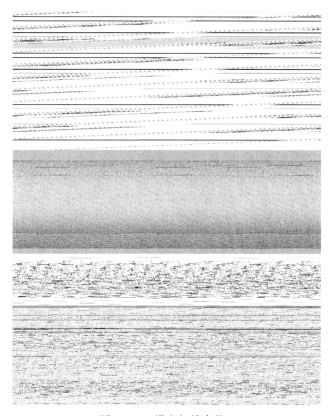

图 8 - 91　设定切槽参数 1

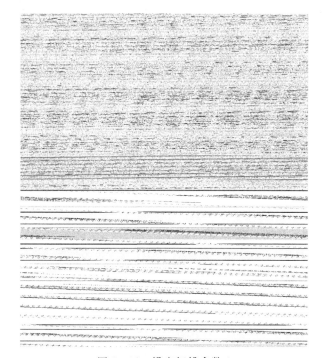

图 8 - 92　设定切槽参数 2

图 8-93　设定切槽参数 3

图 8-94　设定切槽参数 4

完成参数设置,点击左上角"确定",生成切槽轨迹(见图 8-95)。

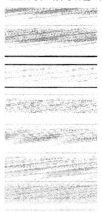

图 8-95 切槽轨迹

5)螺纹车削:选中螺纹部分外圆特征,点击"螺纹车削"图标(见图 8-96)。

图 8-96 选中螺纹部分外圆特征,点击"螺纹车削"图标

设置螺纹加工参数(见图 8-97~图 8-99)。

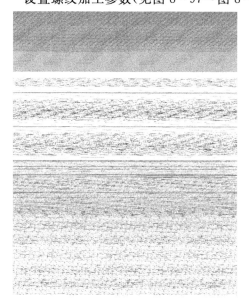

图 8-97 螺纹参数设定 1   图 8-98 螺纹参数设定 2

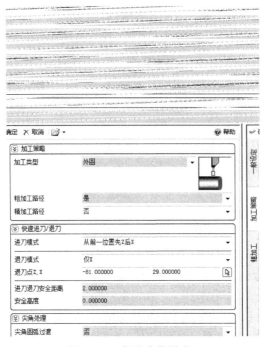

图 8-99　螺纹参数设定 3

完成参数设置,点击左上角"确定",生成螺纹车削轨迹(见图 8-100)。

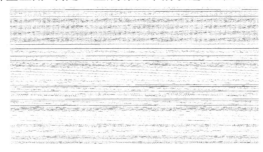

图 8-100　螺纹车削轨迹

6)切断:选中切断特征,点击"插槽加工"图标(见图 8-101)。

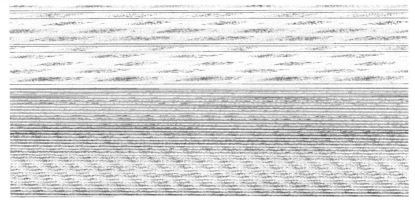

图 8-101　选中切断特征,点击"插槽加工"图标

设置切断加工参数(见图 8-102～图 8-104)。

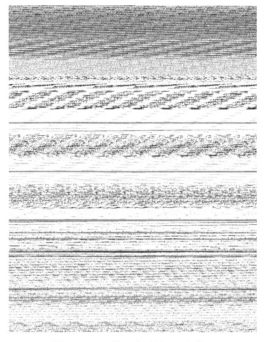

图 8-102 设置切断加工参数 1

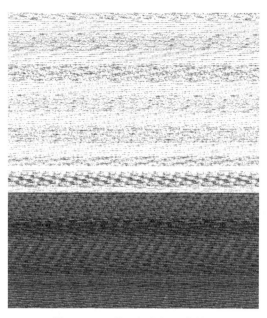

图 8-103 设置切断加工参数 2

图 8-104 设置切断加工参数 3

完成参数设置,点击左上角"确定",生成切断轨迹(见图 8-105)。

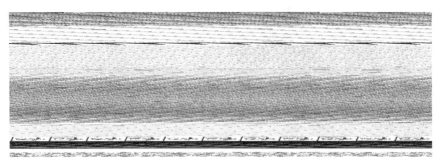

图 8-105　生成切断轨迹

(2)模拟加工

1)在项目管理器左上角点击坐标系————，点击仿真模拟图标　　　（弹出智能工具条），点击"单步仿真"图标（见图 8-106）。

图 8-106　仿真模拟(单段)

2)在仿真窗口调整图像大小、角度，以便于观察，调整仿真速度(左慢，右快)(见图 8-107)。

图 8-107　调整模拟速度、观察角度

3)点击 图标,可仔细观察每一步的加工情况(见图 8 - 108)。

图 8 - 108　单段模拟

点击 图标,可连续模拟至加工结束(见图 8 - 109)。

图 8 - 109　连续模拟

(3)生成程序

仿真校验确认无误后,就可以自动生成加工程序。

1)在项目管理器左上角点击坐标系 ,点击右键,点击"加工"→"高级 NC 代码"(见图 8 - 110)。

图 8 - 110　选择程序生成模式

2)弹出"高级 NC 代码输出"对话框,按提示点击对话框中部(见图 8 - 111)。

图 8 - 111　进入后处理选项界面

3)弹出"NC 导出文件"对话框,点击右侧　　　图标(见图 8 - 112)。

图 8 - 112　进入程序生成设定界面

4)选择对应的车削后处理文件,打开文件(见图 8 - 113)。

图 8 - 113　选择后处理文件

5)点击"NC 文件位置"栏的　　　图标→"打开"(见图 8 - 114)。

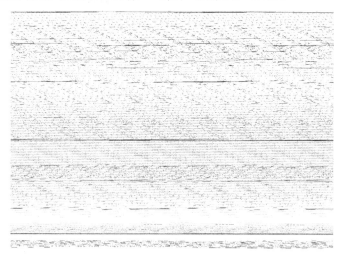

图 8 - 114　设定程序存放位置界面

6)弹出"浏览文件夹"对话框,点击"桌面",点击"确定",然后在"NC 导出文件"对话框点击"确定"(见图 8 - 115)。

图 8 - 115　选择程序存放位置

7)在"高级 NC 代码输出"对话框点击"Post",生成 NC 代码文件(自动存放在桌面)(见图 8 - 116 和图 8 - 117)。

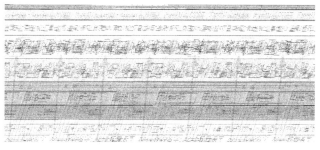

图 8 - 116　点击"Post",自动生成程序

图 8-117　生成的数控车削程序

8.2　实例二——数控铣削(小安装座)

任务:使用软件自动编写铣削加工程序(零件如图 8-118 所示,材料:2A12)。

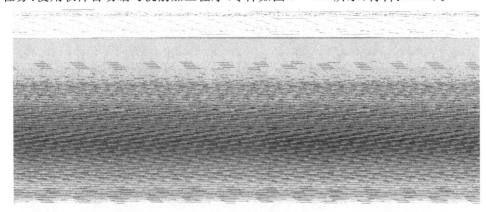

图 8-118　零件尺寸及三维模型

8.2.1　基本操作步骤

(1)启动软件、载入模型、建立坐标系

1)启动软件、新建空白文件(见图 8-119)。

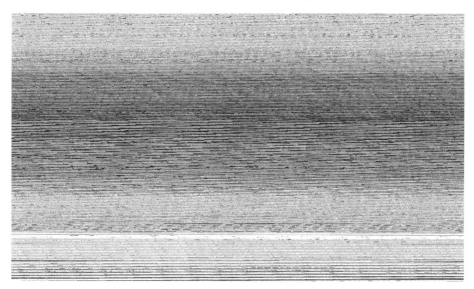

图 8-119　新建空白文件

2)在"技术文件"→"铣削"文件夹下,找到"小安装座.X_T"文件,打开(见图 8-120)。

图 8-120　打开模型文件

3)在模型上表面中心处建立工件坐标系(见图 8-121)。

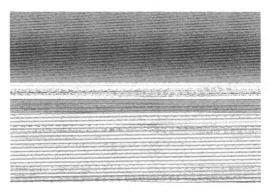

图 8-121   建立工件坐标系

(2)设置毛坯

1)弹出设定界面(见图 8-122)。

图 8-122   进入毛坯数据设置

2)设置毛坯尺寸数据(见图 8-123)。

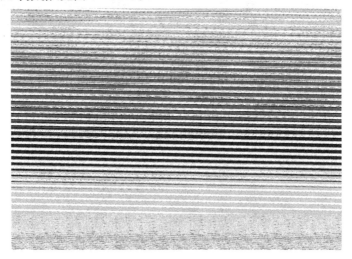

图 8-123   设置毛坯尺寸数据

3)观察毛坯(见图 8 - 124)。

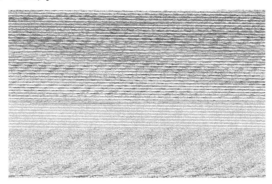

图 8 - 124　观察毛坯

4)更改毛坯属性(见图 8 - 125)。

图 8 - 125　更改毛坯属性

5)隐藏毛坯。

新建层:点击　　　,在弹出的对话框中勾选"更多"(见图 8 - 126),在"增加层"对话框输入新建层名称,点击"确定"(可按需要建立多个层,见图 8 - 127)。

图 8 - 126　点开层设置

图 8-127　新建图层

改变毛坯属性(所在层)(见图 8-128)。

图 8-128　改变毛坯所在层

隐藏毛坯(见图 8-129)。

图 8-129　隐藏毛坯

(3)设置刀具

1)确定最小铣削刀具直径为 φ2 mm(见图 8-130)。

图 8-130　查看最小圆弧半径值

2)增加软件刀位设置(见图 8-131)。

图 8-131　增加软件刀位设置

返回到"刀具表"选项查看(见图 8-132)。

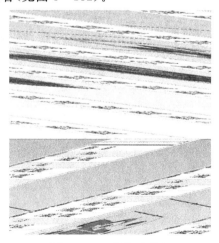

图 8-132　软件刀具表

3)调入刀具:按路径浏览找到刀具文件,选中打开(见图 8-133)。

图 8-133　调入刀具

打开后的刀具列表(点开查看刀具参数,可根据加工需要进行修改)如图 8-134 所示。

图 8-134　打开的刀具列表

(4)创建特征

根据加工工艺,建立特征,可修改特征序号、名称。特征自动按序号排列,也可借此检查和判断工艺的合理性(见图 8-135)。

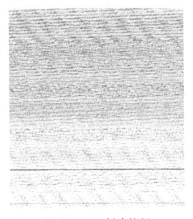

图 8-135　创建特征

（5）选择加工策略、设定参数、生成刀具路径

根据建立特征的思路、特征属性，选择相对应的加工策略，设定合理的加工参数，完成后点击　　　　，生成需要的刀具路径（见图 8－136）。

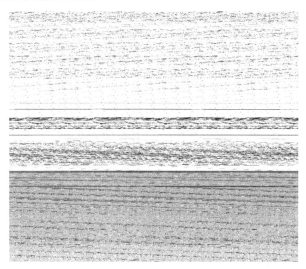

图 8－136　选择加工策略、设定参数、生成刀具路径

（6）检查、审核刀具路径

1）按下"Ctrl＋M"键，弹出"屏蔽"对话框，去除"刀具路径"前面的钩，刀具路径全部隐藏（见图 8－137）。

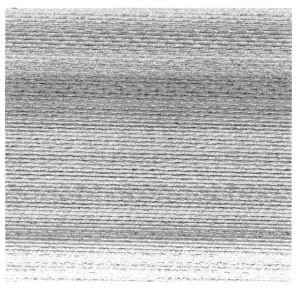

图 8－137　隐藏刀具路径

2）在"加工操作"栏从上到下依次点击路径名称，检查加工的先后顺序是否符合工艺顺序、刀路走向是否合理、使用刀具是否正确等（见图 8－138）。其中，程序生成的顺序按"加工操作"栏从上到下的顺序排列，与刀路序号无关；"特征管理"栏的顺序不一定正确，不一定与"加

工操作"栏的顺序相同。

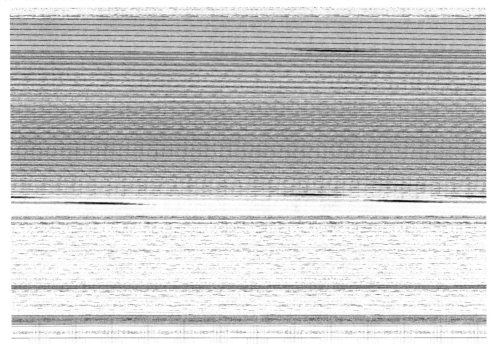

图 8-138　检查、审核刀具路径

（7）实体加工模拟

1）点击"特征管理"栏顶部的 ＿＿＿＿＿＿＿ 或 ＿＿＿＿＿＿（表示回到开始处），点击模拟图标 ，点击"单步仿真"图标 （见图 8-139）。

图 8-139　设定模拟效果

2）调整模拟窗口的毛坯模型位置到最佳观察角度，调整模拟速度。

3)点击　　或　　，仔细观察仿真加工情况，直到模拟加工出无缺陷的成品，且符合工艺顺序（见图 8－140），否则还要继续修改。

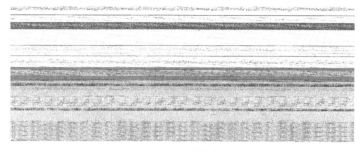

图 8－140　模拟结果

（8）生成 NC 程序

点击"文件"→"高级 NC 代码输出"，其余选择后处理文件，设置程序存放位置，生成程序的方法与前例相同。

1)点击软件左上角"文件"，在弹出对话框点击"高级 NC 代码输出"（见图 8－141）。

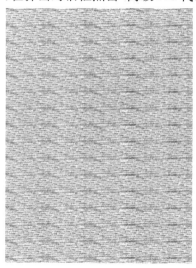

图 8－141　生成 NC 加工代码

2)弹出"高级 NC 代码输出"对话框，按提示点击对话框中部（见图 8－142）。

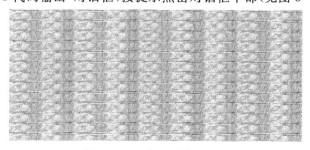

图 8－142　点击对话框中部

3)弹出"NC 导出文件"对话框，选择后置文件以及程序输出位置（见图 8－143），点击"确定"。

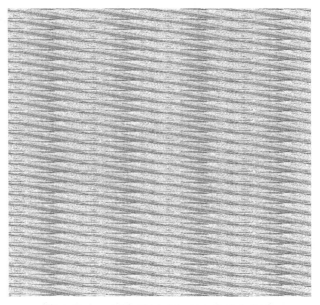

图 8-143　选择后置文件以及程序输出位置

4)在"高级 NC 代码输出"对话框,点击"Post"生成程序(见图 8-144)。

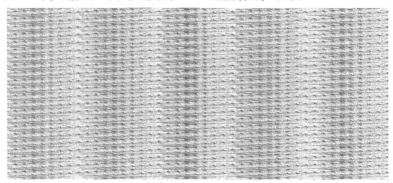

图 8-144　点击"Post"生成程序

5)程序文件自动保存到桌面(见图 8-145)。

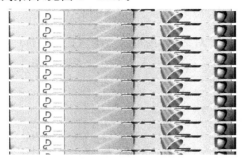

图 8-145　生成的程序文件

参 考 文 献

[1] 陈洪涛.数控加工工艺与编程[M].北京:高等教育出版社,2003.

[2] 聂建.基于车铣复合数控加工工艺应用探讨[J].数字化用户 2019,25(33):186,189.

[3] 郑惠强,郝一舒,李爱红.五轴铣削加工中心坐标转换数学模型的建立与应用[J].发电与空调,2004,25(B10):27 - 29.